숲을
듣다。

이 도서의 국립중앙도서관 출판예정도서목록(CIP)은 서지정보유통지원시스템 홈페이지(http://seoji.nl.go.kr)와 국가자료공동목록시스템(http://www.nl.go.kr/kolisnet)에서 이용하실 수 있습니다. (CIP제어번호 : CIP2019022972)

숲을 듣다.

초판 1쇄 발행 2019년 6월 24일
초판 2쇄 발행 2019년 7월 19일

지은이 황호림

펴낸이 임병천
펴낸곳 책나무출판사
출판신고 2004년 4월 22일 (제318-00034)

주소 서울시 영등포구 신길3동 325-70 3F
전화 02-338-1228 **팩스** 0505-866-8254
홈페이지 www.booktree.info

ⓒ 황호림 2019
ISBN 978-89-6339-622-4 03480

*이 책의 판권은 지은이와 책나무출판사에 있습니다.
*양측의 서면 동의 없는 무단 전재 및 복제를 금합니다.
*잘못된 책은 바꿔드립니다.

숲연구가
황호림의
세 번째
숲 이야기

황호림 지음

숲을 듣다.

KBS 목포 1R
라디오 매거진 〈오늘〉
황호림의 숲 이야기

책나무 출판사

유튜브 채널에서 저자의 음성으로
더욱 생생한 숲 이야기를 들을 수 있어요!

서문

들려주고 싶었던
숲 이야기

―

　인간은 생존에 필요한 거의 모든 것을 숲에 의지하며 살아왔습니다. 인간에게 숲이란 의식주를 해결해주는 곳간이었을 뿐 아니라 지혜를 얻고 문명을 창조하는 공간이었습니다. 숲은 인간을 따뜻하게 보살펴주는 어머니와 같은 존재입니다. 우리는 울창한 숲에 들어섰을 때 성스러움을 느끼고는 합니다.

　우리나라는 지금으로부터 오십여 년 전, 산업화와 도시화가 시작되면서 먹고살기 위해 스스로 고향을 떠나 도시로 갈 수밖에 없었습니다. 여기서부터 현대인의 불행도 시작됐습니다. 자연과 단절된 삶이 시작된 것입니다. 그때부터 사람들의 기본적인 의식주가 크게 달라졌습니다. 텃밭에서 자라는 식재료를 대신해 냉동식품이나 인스턴트 음식을 먹게 됐습니다. 그뿐입니까. 화학사로 만든 옷을 입고 온갖 유해 물질을 내뿜는 콘크리트 상자 속에 갇히게 됐습니다. 이것은 현대인이 피할 수 없는 스트레스의 원인이기도 합니다.

　그렇다면 자연과 단절되어 삶에 지치고 병든 이들을 어떻게 해야

할까요? 아주 돌아갈 수는 없겠지만 하루든 한나절이든 그들을 숲으로 불러내야 합니다. 숲은 우리의 영혼을 감싸주는 곳입니다. 숲은 생명의 활기가 넘치는 곳입니다. 다양한 생명체들이 살아 숨 쉬는 평화롭고 안락한 곳이기도 합니다. 현대인의 병든 심신을 낫게 하고 잃어버린 인간성을 회복하게 할 수 있는 곳이 바로 숲입니다. 기름지고 자극적인 음식에 길들여지고 스마트폰이 없으면 불안해하며 안락한 소파를 떠나기를 거부하는 그들을 일단 숲으로 오게 해야 합니다. 그러기 위해서는 유인책이 필요합니다. 흥미롭고 재미있는 이야기도 필요합니다. 그들이 원하는 것은 칼 폰 린네(Carl von Linne)의 분류학도 유진 오덤(Eugene P. Odum)의 생태학도 아닙니다. 그들은 어쩌면 마음속으로 헨리 데이비드 소로(Henry David Thoreau)와 법정(法頂) 스님의 삶을 원하고 있는지도 모릅니다.

그들이 듣고 싶어 하는 것은 수백만 년 동안 우리의 몸속 DNA로 이어져 온 그들의 숲 이야기입니다. 일단 그들이 숲으로 들어가기만

한다면, 피톤치드가 아니더라도, 숲해설가나 산림치유지도사가 없더라도 모든 것은 숲이 해결해줄 것입니다. 숲을 방문한 이들이 집으로 돌아갈 때의 모습을 보면 긴장이 풀린 얼굴은 해맑아 보이기까지 합니다. 그런 그들의 모습을 지켜보면 내가 행복해지고, 나와 관계를 맺은 사람들이 행복해지면 사회가 행복해지고, 나라가 건강해집니다.

　숲처럼 역동적이고 변화무쌍한 곳도 없습니다. 나무도, 풀도, 바람도, 빛도 어제의 것은 없습니다. 숲에는 전해주고 싶은 이야깃거리가 너무나 많습니다. 숲에서 살아가는 나무와 풀과 곤충 그리고 온갖 동물들에게 귀를 기울여 그들의 이야기를 듣고 알려주고 싶었습니다. 이 책을 통해 많은 분들이 숲을 이해하는 데 도움이 되고 숲 활동가들에게는 하나의 이야깃거리가 되었으면 좋겠습니다.

　이 책은 KBS 목포 1R 라디오 매거진 '오늘' 프로그램에서 1년간 방송된 '황호림의 숲이야기' 코너의 내용에 주석을 달고 관련 사진을

넣어 책으로 엮은 것입니다. 이 책은 방송과 마찬가지로 대화하듯이 구성되어 간결하고 이해하기 쉽지만, 한편으로는 자칫 정보와 지식의 편린(片鱗)이 되지는 않을까 걱정도 됩니다. 그동안 방송했던 내용은 유튜브(YouTube)에서 필자의 이름을 검색해 다시 들으실 수 있습니다.

　끝으로 오랜 시간 함께 방송한 KBS 목포방송국 정경진 작가님, 김석훈 아나운서님을 비롯한 관계자들께 감사드립니다. 이 책이 나오기까지 많은 도움을 주신 전남대학교 이계한 교수님과 목포 MBC 김승호 국장님 그리고 변변치 못한 원고로 좋은 책을 만들어 주신 책나무출판사 임병천 사장님과 이호석 에디터를 비롯한 출판사 관계자 여러분께도 깊이 감사드립니다.

2019년 1월
황호림

목차

4 서문 들려주고 싶었던 숲 이야기

1부
꽃이 말하다

014 봄꽃이라 하기엔 너무 이른 **봄꽃 삼총사**
023 한 송이 꽃을 피우기 위한 인고의 세월 **얼레지**
031 하늘에서 내려앉은 소담스러운 **별꽃 무리**
038 수줍은 새 각시의 모습 **각시붓꽃**
046 방울새의 조잘거리는 소리가 들릴 듯 **큰방울새란**
053 한여름 숲속을 환하게 밝혀주는 **나리와 백합과 식물**
061 이루어질 수 없는 사랑 **상사화**
068 매화를 닮은 듯 **물매화와 매화라 불리는 식물**

2부
나무가 대답하다

078 봄의 전령사 **생강나무와 산수유**

086 우리 숲의 주인공 **참나무**

095 고고한 자태, 아름다운 향기 **매실나무**

103 은은한 향기, 우아한 기품 **목련 무리**

112 왕비의 황금 귀걸이인가? **히어리**

119 화려한 꽃비의 뒤안길 **벚나무**

126 나그네의 발길을 붙잡는 **향기가 좋은 나무**

3부
숲과 친해지다

138 보기만 해도 두려운 **가시로 무장한 식물들**

147 적을 물리치기 위한 전략 **식물독 이야기**

156 도망갈 수 없으면 막아야 한다 **식물의 생존 전략**

164 사라져가는 꿀벌을 부르자 **밀원수종(蜜源樹種)**

173 색깔 속에 감춰진 동식물의 전략 **숲과 색**

182 산새들이 좋아하는 **붉은 열매**

192 신통방통 **나무의 겨울나기**

201 알고 있나요? **나무에 관한 오해와 진실**

209 선조들의 삶의 지혜에서 배우는 **생명 존중 사상**

4부
숲을 선물 받다

220 귀신을 쫒는 **벽사나무**

229 멋과 맛 **떡을 해먹을 수 있는 나무**

237 기름을 짜는 나무 **유지(油脂)식물**

245 진시황의 불로초인가? **황칠나무와 인삼 형제**

253 절간의 필수품 **염주를 만드는 나무들**

262 메리 크리스마스 **성탄절 나무들**

271 딸을 낳으면 심는 나무 **오동나무**

281 물은 숲을 키우고 숲은 물을 낳는다 **숲과 물**

5부
우리 숲의 미래, 난대숲

290 소중한 산림자원 **난대숲**

297 가시가 없는 가시나무 **상록 참나무**

306 난대숲의 두 번째 큰 집 **동백나무와 차나뭇과 식물들**

315 향기의 본가 **녹나무와 일가들**

324 호랑가시를 품은 **감탕나뭇과**

333 보일 듯 말 듯 **난대숲의 소수족**

344 참고 문헌과 자료 출처

350 동식물 사진 한눈에 보기

1장
꽃이 말하다

봄꽃이라 하기엔 너무 이른

봄꽃 삼총사

**반갑습니다. 처음으로 이야기를 나누는데요.
어떤 꽃에 대해 알려주실 건가요?**

지난주에 제 머릿속에 있는 꽃 달력에 맞춰 저만의 비밀 정원을 찾아가봤는데, 예상한 대로 노루귀의 꽃망울이 봉긋하게 올라와 있었습니다. 그런가 하면 따뜻한 남쪽 바닷가에서는 이미 복수초가 피었다는 소식도 들려오더군요.

봄꽃이라 부르기에는 너무 빠르고, 겨울 꽃이라고 부르기에는 민망한 봄꽃 삼총사 복수초, 앉은부채, 노루귀에 대해 이야기해보겠습니다.

너무 빠르지 않나요? 벌써 꽃이 피었다고요?

 다른 곳에 비해 상당히 빠르기는 하지만 완도나 고흥, 여수에는 복수초가 이미 피었습니다. 미나리아재빗과에 속하는 복수초는 설날 아침에 꽃이 피어난다고 해서 '원일초(元日草)', 눈 속에서 꽃이 핀다고 하여 '설련화(雪蓮花)', 얼음 사이에서 꽃이 핀다고 하여 '얼음새꽃' 등의 이름을 가지고 있습니다. 또한 복수초 꽃이 피면 주변의 눈이 녹아내린다 하여 '눈색이꽃'이라고도 부릅니다. 그 밖에도 나무꽃인 길마가지나무와 홍매, 납매의 꽃이 핀 것을 제가 직접 확인했습니다.

▼ 개복수초

참 신비롭네요. 복수초는 추운 얼음 속에서 어떻게 꽃을 피울 수 있었을까요?

복수초는 앉은부채와 더불어 스스로 열을 내는 식물로 알려져 있습니다. 뿌리에 축적된 녹말을 분해하여 열을 내는데, 주변보다 7~8℃ 이상의 온도를 유지한다고 합니다. 복수초는 노란 꽃잎의 가장자리를 둥근 전기난로나 접시안테나처럼 오므려 꽃잎 안으로 열기를 모으는데, 이것이 곤충들에게는 따뜻한 휴게실과 같아 곤충들을 불러들이고 그 과정에서 수분을 하게 됩니다. 일찍 핀 복수초가 초식동물의 좋은 먹잇감이 되지는 않을까 싶으시겠지만 복수초는 독으로 무장해 포식자를 물리칩니다. 한겨울 눈을 헤치고 피어난 복수초를 보고 있노라면 생명의 위대함에 저절로 고개를 숙이게 되실 겁니다.

▲ 복수초

제주도에서 본 복수초와 모양이 조금 다른데 다른 종류인가요?

과거에 논란이 있기는 했지만 우리나라에는 복수초, 개복수초, 세복수초 등 3종이 분포하는 것으로 정리되었습니다. 이 3종의 특징을 살펴보자면, 복수초는 가지가 갈라지지 않고 꽃이 먼저 피는데, 개복수초는 줄기가 가지를 치듯 갈라지는 형태를 보이며 대부분 꽃과 잎이 함께 나옵니다. 마지막으로 세복수초는 제주도에서만 자생하는데 개복수초와 비슷하게 생겼지만 잎이 매우 가늘게 갈라진 모습이 특징입니다. 일반적으로 복수초 꽃의 절정기는 3월입니다.

▲ 세복수초

그렇다면 앉은부채는 어떤 식물인가요?

천남성과에 속하는 앉은부채는 작은 불꽃 모양의 포에 둘러싸여 있는 육수꽃차례[1]의 모양이 마치 '배광(背光)'[2]에 둘러싸여 가부좌하고 있는 부처의 모습과 흡사하다고 하여 붙여진 이름입니다. 주로 중부 이북의 산골짜기 그늘진 곳에서 자라는데 옛날에는 사약의 재료로 사용하기도 했습니다.

앉은부채는 산소호흡을 하면서 뿌리의 녹말을 분해해 열을 내는데 앉은부채 꽃을 둘러싸고 있는 불염포[3]의 내부 온도를 주변보다 보통 10℃ 정도 높게 유지한다고 합니다. 경희대학교 생물학과 홍석표 교

---

1 무한 화서의 하나로, 꽃대 주위에 꽃자루가 없는 수많은 잔꽃이 모여 피는 화서이다.
2 후광, 불보살의 몸 뒤로부터 내비치는 빛을 말한다.
3 육수(肉穗) 화서의 꽃을 싸는 포가 변형된 것을 말한다.

▲ 앉은부채

수 등의 실제 연구 결과를 보면 앉은부채 불염포의 외부 온도 변동 폭이 0~12℃, 내부 온도 변동 폭이 0.6~9℃로 불염포의 외부보다 내부 온도의 변동 폭이 적다는 것을 알 수 있습니다. 앉은부채는 보통 2월 중순경부터 꽃을 피우기 시작합니다.

복수초도 그렇고, 앉은부채도 그렇고, 식물이 스스로 열을 내는 이유가 궁금하네요.

열 발생과 체온조절 작용은 온혈동물인 인간이나 새와 같은 포유류나 조류에게 나타나는 현상 아니겠습니까? 참 신비롭죠. 복수초나 앉은부채 같은 식물이 열을 발생시키는 건 꽃의 발육과 성숙 그리고 꽃가루관의 신장을 돕는 작용입니다. 또한 발생되는 열을 이용해 꽃 내부의 냄새 성분을 뿜어내는데 이것은 꽃가루받이의 매개자

▲ 노루귀

▲ 청노루귀

인 곤충을 유인하게 됩니다. 결국 식물의 번식을 목적으로 하는 전략인거죠.

일찍 피는 들꽃 중에는 노루귀도 있다고 하셨는데요.

　미나리아재빗과에 속하는 노루귀는 제주도를 포함한 전국의 숲속에서 자랍니다. 노루귀라는 이름은 '하얀 긴 털로 덮인 잎 모양이 노루의 귀를 닮았다'고 해서 붙여진 이름입니다. 보통 남부지방에서는 흰색이나 분홍색으로 꽃이 피는데, 중북부지방에서 피는 파란색 꽃은 '청노루귀'라고 부르기도 합니다.

　잔설도 가시지 않은 숲길을 걷다 보면, 낙엽 속에서 앙증맞고 아름다운 노루귀꽃을 발견하기도 하는데 정말 눈이 번쩍 뜨일 정도로 신비롭게 느껴집니다.

노루귀도 열을 내서 눈을 녹이고 꽃을 피우나요?

노루귀는 '눈을 헤치고 피어나는 꽃'이라는 뜻으로 '파설초(破雪草)' 혹은 '설할초(雪割草)'라고 불리기도 합니다. 하지만 제가 관찰한 바로는 노루귀가 눈을 헤치고 피는 것은 아닙니다. 그러므로 꽃이 핀 상태에서 눈이 내려 그 모양이 마치 눈을 헤치고 꽃이 핀 것처럼 보이는 것은 아니겠느냐 생각했습니다.

섬 지방에서 발견되는 노루귀 중에 잎이 작고 흰무늬가 있는 것을 '새끼노루귀', 울릉도에서 자라는 잎이 둥글고 큰 노루귀를 '섬노루귀'라 하는데 이것들은 우리나라에서만 자라는 특산식물입니다.

아직도 잘 이해가 가지 않네요. 이런 식물들은 왜 굳이 이렇게 이른 시기에 꽃을 피우는 걸까요?

겨울이나 이른 봄에 꽃을 피우게 되면 이에 따르는 보상이 있습니다. 경쟁자가 없다는 것이죠. 겨울에는 대개의 식물이 휴면 상태로 있기 때문에 햇볕과 땅의 수분, 영양분을 독점적으로 고스란히 사용할 수 있습니다. 나무 그늘에서 자라는 이런 식물들은 나뭇잎이 나기 전에 꽃을 피우고 결실을 맺어야 한다는 절박함이 있을 것입니다. 생존경쟁에서 살아남기 위해 다른 식물들이 활동하지 않는 겨울이나 이른 봄에 꽃을 피우게 됐다고 생각합니다.

끝으로 식물이 어떻게 시기에 맞춰 꽃을 피우는지 알려주세요.

식물의 개화 시기는 기온과 낮의 길이 즉 '광주기(光週期)'에 따라 결정되는데, 일조시간이 12~14시간 이상으로 길어졌을 때 피는 장일식물과 짧을 때 피는 단일식물, 광주기에 관계없이 피는 중일식물로 구분합니다. 낮이 길어지는 봄에 피는 개나리, 진달래가 장일식물에 속하고, 낮이 짧아지는 가을에 피는 코스모스나 국화가 단일식물에 해당됩니다. 식물의 개화에는 '플로리겐(Florigen)[4]'과 같은 단백질 호르몬이 작용한다고 합니다.

---

[4] 식물의 꽃눈 형성을 촉진하는 것으로 생각되는 물질이다.

한 송이 꽃을 피우기 위한 인고의 세월

얼레지

3월의 대표적인 들꽃은 어떤 꽃이 있을까요?

3월이 되면 여러 가지 식물들이 기지개를 켜고 앞다퉈 꽃을 피웁니다. 세상에 아름답지 않은 꽃이 어디 있겠습니까마는 이 계절을 대표하는 꽃은 얼레지가 아닐까 생각합니다. 이번에는 꽃도 아름답지만 이름만 들어도 궁금증이 생기는 이 식물에 대해서 알아보도록 하겠습니다.

이름부터 독특하네요. 얼레지라!

백합과 얼레지속에 딸린 이 풀은 한국, 일본, 중국 등지에 분포하는 여러해살이풀로 비늘줄기를 가지고 있으며, 3월 말에서 4월경 연분홍색 꽃을 피웁니다.

얼레지라는 이름을 처음 들으면, 슬픔의 시를 뜻하는 비가(悲歌), 마스네의 유명한 가곡 엘레지(élégie)가 연상되기도 해 외래식물로 착각하는 경우도 있는데 얼레지라는 이름은 순우리말입니다. 얼레지라는 이름은 피부병의 일종인 '어루러기'에 걸린 것처럼 잎과 꽃이 알록달록하다고 해서 붙여진 이름입니다.

얼레지는 아름다운 한 송이 꽃을 피울 때까지 많은 시간이 필요하다고 하던데요?

그렇습니다. 서정주 시인의 「국화 옆에서」라는 시를 보면, 한 송이 국화가 꽃 피울 때까지의 과정을 소쩍새의 울부짖음과 천둥소리 그리고 무서리에 빗대 치열한 생명 창조의 역정을 노래하고 있습니다. 그러나 얼레지의 인고의 세월에 비하면 국화가 꽃을 피우기 위해 겪

▼ 얼레지

는 시련은 아무것도 아닙니다. 얼레지는 씨앗에 싹이 나고 꽃이 피기까지 적어도 7년 이상 걸리기 때문입니다. 그렇기 때문에 얼레지 꽃이 핀 곳은 수년간 파헤쳐지지 않은 건강한 숲이라고 볼 수 있습니다. 얼레지는 이런 곳에서만 꽃을 피울 수 있기 때문입니다. 그러나 얼레지가 한 송이 꽃을 피우기 위해 적지 않은 세월을 필요로 한다는 것에 대해 사람들은 반신반의하는 것 같습니다.

▼ 얼레지

얼레지는 대체 무엇 때문에
그토록 긴 시간에 걸쳐 꽃을 피우는 건가요?

얼레지는 파종한 지 2년 만에 싹이 틉니다. 발아한 지 1년이 되면 실같이 작은 잎이 1장 나오고, 2년이 되면 타원형 모양의 잎 2장이 나오는데, 매년 비늘줄기에 양분을 조금씩 축적하기 때문에 꽃이 피기까지 7~8년이 걸립니다. 씨앗이 발아하여 1장의 잎만 나오는 것은 백합과에 속한 하늘말나리에서도 쉽게 관찰할 수 있습니다.

얼레지의 분포 지역인 한국, 중국, 일본의 자료를 종합해보면 얼레지는 적어도 7년 이상의 시간이 지나야 꽃을 피울 수 있다는 것을 알 수 있습니다. 이런 사실을 알게 되셨으니 얼레지 나물은 드실 수 없을 겁니다. 보기만 해도 아까운, 숭고한 꽃이니까요.

▲ 얼레지

얼레지는 꽃이 피는 것도 독특하다면서요?

얼레지는 아무 때나 피는 꽃이 아닙니다. 저도 처음에는 무턱대고 얼레지를 찾아가 아직 피지 않은 꽃잎이 열리기만을 숨죽이며 기다렸던 적이 있는데, 얼레지 꽃을 감상하려면 약간의 예비지식이 필요합니다.

햇볕이 잘 드는 곳이라면 오전 10시경부터 분홍색 꽃잎이 서서히 열리기 시작합니다. 만약 그늘진 곳이라면 정오 정도는 돼야 합니다. 꽃이 핀 뒤 2시간 정도가 지나 기온이 하루 중 최고점에 달하면 꽃잎이 뒤로 활짝 젖혀집니다. 비가 오거나 햇볕이 나지 않는 날에는 아무리 기다려도 얼레지 꽃을 보실 수 없습니다.

얼레지는 다른 꽃에 비해 매우 느리게 꽃을 피우는데, 보통 꽃대가 나오고 2주 정도는 돼야 꽃이 활짝 핍니다. 이래저래 사람의 애간장을 녹이는 들꽃이라고 할 수 있습니다.

▲ 흰얼레지

얼레지의 꽃말이 '바람난 여인'이라고 하던데, 그 이유가 뭔가요?

얼레지 꽃은 하루에 세 번 변신을 합니다. 햇볕이 들기 전에는 고개를 푹 숙이고 꽃잎을 오므린 모습이 마치 수줍은 시골 처녀와 같고, 꽃잎이 활짝 피면 범접할 수 없는 고고한 자태를 뽐내지만 그래도 다소곳한 모습을 하고 있습니다. 하지만 오후가 되면 꽃잎이 뒤로 완전히 젖혀지면서 도시 처녀와 같이 도도하고 콧대 높은 모습이 됩니다. 아마도 시간의 흐름에 따라 요염하면서도 우아하게 변하는 모습을 보고 '바람난 여인'이라는 꽃말이 붙지 않았을까 하는 생각이 듭니다.

얼레지는 구황식물로도 유명한 풀이라고 들었는데요.

그렇습니다. 우에키(植木秀幹)의 『조선의 구황식물』에 따르면 얼레

▲ 얼레지 인경

지는 "잎은 삶아 먹으며 비늘줄기에서는 전분을 채취한다."고 하였습니다. 얼레지는 예로부터 잎은 산나물로, 뿌리는 녹말을 얻는 재료로 사용됐습니다. 얼레지는 부드럽고 맛이 달아 나물 중에서도 상품으로 취급됩니다. 어린잎과 줄기는 나물이나 국으로 먹기도 하고 생으로 튀겨먹기도 합니다. 얼레지를 삶아 손으로 만져보면 미역처럼 미끈미끈한 것을 느낄 수 있는데, 이것 때문에 강원도에서는 '미역추나물'이나 '산중미역'이라고 부르기도 합니다.

얼레지는 비늘줄기가 지하로 깊숙이 들어가 있어 쉽게 멸종될 우려는 없지만 남획이 심각합니다. 사람들이 간섭하지 않아도 멧돼지의 습격 등으로 살아가기 벅찰 텐데 참으로 안타까운 일입니다.

멧돼지가 얼레지를 습격한다고요?

얼레지는 '멧돼지도 알아주는 녹말 식물'이라는 말이 있습니다. 배고픈 멧돼지들이 얼레지의 인경[5]에 저장된 녹말 성분을 먹기 위해 땅을 파헤치기 때문입니다.

일본에서는 얼레지를 가타구리(かたくり, 片栗)라고 부르는데 일본의 녹말이란 말이 얼레지에서 유래되었다고 합니다. 또 일본은 제2차세계대전의 패배로 물자가 귀해지자 얼레지의 인경을 캐서 국수 등을 해먹기도 했다고 합니다. 우리나라 역시 옛날에는 얼레지의 인

---

5 짧은 줄기 둘레에 많은 양분이 있는 다육의 잎이 밀생하여 된 땅속줄기이다.

경에서 전분을 뽑아내 수제비나 떡을 빚어먹기도 했습니다.

얼레지가 구황식물로써 최고의 식품이었다는 것은 두말할 나위가 없습니다. 인경에는 40~50%의 전분이 포함되어 있는데, 수분을 제외한 나머지가 거의 다 녹말일 정도로 자양분이 풍부하다고 합니다.

힘겹게 아름다운 꽃을 피운 얼레지가 5월 말경이 되면 자취를 감춘다고요?

얼레지가 신비롭게 느껴지는 이유는 또 있습니다. 이른 봄, 새잎을 내고 약 2주 동안 꽃을 피워 열매를 맺은 얼레지는 할 일을 다 했다는 듯 잎과 줄기가 누렇게 말라버려 땅속의 인경만 남게 됩니다. 얼레지가 지상에 모습을 보이는 기간은 약 2~3개월로, 5월 말이 되면 얼레지의 흔적을 찾아볼 수 없습니다. 굵고 짧은 한해살이인 셈입니다. 봄의 요정일 수도 있겠네요. 얼레지는 남바람꽃 등과 함께 봄살이 식물(spring ephemeral)이라고도 합니다.

봄살이 식물이란 봄철에 꽃을 피우고, 초여름까지 광합성을 실시해 지하의 영양 저장 기관이나 종자 등에 영양소를 쌓아 두고, 잎과 줄기는 말라버려 한 해의 대부분을 지하에서 휴면 상태로 머무는 식물을 말합니다.

하늘에서 내려앉은 소담스러운
별꽃 무리

**가끔 밤하늘의 별을 보면서 저런 꽃은 없을까
생각하고는 하는데, 별과 닮은 꽃은 없을까요?**

　대기오염으로 인해 도시의 밤하늘에서 별이 사라지고 있습니다. 하지만 가슴속 한편에는 누구나 자신만의 별 하나쯤은 가지고 계실 겁니다. 그것은 알퐁스 도데의 '첫사랑의 별'일 수도 있고, 윤동주의 '어머니의 별'일 수도 있습니다. 어떤 이에게 그 별은 만질 수 없는 신기루 같은 존재일지도 모릅니다. 별이라는 단어는 사람들의 마음을 촉촉하게 하는 마력이 있는 것 같습니다. 그런 의미에서 이번에는 별꽃 무리에 대해 알아보도록 하겠습니다.

별꽃! 이름이 참 예쁘네요.

우리나라 식물의 이름 중에는 유난히 별꽃이란 명칭이 많습니다. 석죽과의 별꽃, 쇠별꽃, 개별꽃, 큰개별꽃, 뚜껑별꽃, 덩굴별꽃 등 일일이 다 셀 수도 없습니다. 국가표준식물목록을 보면 무려 41종의 식물이 별꽃이란 이름을 가지고 있습니다. 그 이름만 들어도 한번쯤 보고 싶다는 생각이 듭니다. 실제로 안개가 가득한 이른 아침, 숲에 옹기종기 피어있는 별꽃을 만나면 밤새 별들이 하늘에서 내려와 앉아있는 듯한 야릇한 기분이 들기도 합니다.

주변에서 흔히 볼 수 있는 별꽃부터 알려주세요.

문밖에서 흔히 볼 수 있는 것은 별꽃과 쇠별꽃입니다. 하지만 별꽃은 아주 작기 때문에 그냥 지나쳐버리기 쉽습니다. 몸을 낮추고

▲ 별꽃

▲ 쇠별꽃

자세히 봐야 만날 수 있는 꽃이 별꽃입니다. 별꽃은 길가, 공터, 밭두렁 등 햇볕이 잘 들고, 습기가 있는 저지대에서 흔하게 볼 수 있는 두해살이풀입니다.

별꽃은 전라도 방언으로 '곰밤부리'라고 부르는데, 나물로 먹을 수 있습니다. 별꽃은 광대나물, 냉이, 쑥, 미나리, 무, 순무와 더불어 봄의 7초라 불리는데, 일본에서는 매년 1월 7일이 되면 이 일곱 가지 나물로 죽을 쑤어먹는 관습이 있습니다.

쇠별꽃은 별꽃과 거의 비슷하게 생겼지만 별꽃보다 크기가 약간 더 크고, 5개의 암술대를 가지고 있어 3개의 암술대를 가진 별꽃과 뚜렷하게 구분됩니다.

▲ 숲개별꽃

▲ 개별꽃

그냥 지나친 잡초 중에 별꽃도 있었겠네요.

그렇습니다. 중국 명대 사상계에 큰 영향을 끼친 양명학파의 시초 왕양명은 꽃밭에서 풀을 뽑으면서 제자에게 이렇게 말했습니다. "하늘과 땅이 모든 것을 만들고자 한 의지는 꽃에 대해서나 풀에 대해서나 차별이 없을 것이니, 거기에 선한 것과 악한 것의 구분은 없다. 네가 꽃을 바라보고 싶다고 생각하면 꽃을 선이라고 하고 풀을 악이라고 하지만, 만일 풀을 어디엔가 이용하고자 생각한다면, 이번에는 풀이 선한 것이 된다. 이렇게 선악의 구별은 모두 네 마음속에 있고, 좋고 나쁜 감정에서 비롯되는 것이다"라고 하였습니다. 이렇듯 세상에 잡초란 없다고 생각합니다.

개별꽃과 큰개별꽃은 어떻게 생겼나요?

개별꽃은 빛이 새어드는 숲속의 나무 아래에서 잘 자라며 4~5월 경 줄기 끝 잎겨드랑이에 1~5개의 꽃이 핍니다. 별처럼 생긴 5개의 하얀 꽃잎은 그 끝부분이 요철형으로 움푹 들어가 있는데, 노란색의 꽃밥이 검붉어져 점을 찍어놓은 것 같이 보입니다. 개인적으로 별꽃 중에 가장 아름다운 꽃인 것 같습니다. 덩이뿌리[6]는 태자삼(太子蔘)이라 하여 강장제로 이용합니다.

이에 비해 큰개별꽃은 줄기 끝에 흰색 꽃 1개가 피는데 꽃잎이 날카롭고 꽃자루에 털이 없다는 점이 개별꽃과의 차이점입니다. '수염뿌리미치광이'라고 부르기도 합니다.

---

6 덩이 모양으로 생긴 뿌리. 이상 비대 생장에 의한 것으로 녹말과 같은 양분이 저장되어 있다.

▼ 큰개별꽃

▲ 뚜껑별꽃

개별꽃은 별꽃 중에 가장 아름답다는데 왜 이름에 '개'자가 붙었을까요?

일반적으로 기본종에 비해 크기가 작거나 품질이 낮고 모양이 다른 식물 이름 앞에 '개'자를 붙이는데, 개살구, 개박하, 개맥문동이 그런 경우입니다. 하지만 개별꽃은 별꽃과 비교해도 크기가 크고 꽃 모양도 나쁘지 않습니다. 사실 '들별꽃'이라고도 불리는 개별꽃의 '개'라는 접두어는 '야생 또는 들'이라는 뜻을 가지고 있으며, 열릴 개(開) 자를 사용한다는 설이 우세합니다. 개쑥부쟁이의 이름도 비슷한 경우라고 할 수 있습니다. 또한 '개나리'도 논란이 많은 이름 중 하나입니다.

다른 별꽃에는 어떤 것들이 있나요?

덩굴진 형태의 줄기와 많이 뻗은 가지, 짧은 털을 가지고 있으며 마디에서 뿌리는 내리는 덩굴별꽃이 있습니다. 별꽃류는 모두 하얀 꽃이 피는데 보라색이나 붉은색으로 꽃이 피는 앵초과의 뚜껑별꽃도 있습니다. 상당히 이색적인 이 풀은 전라남도와 제주도의 들판에서만 자라는 한해살이풀입니다. 이 밖에도 큰별꽃, 갯별꽃, 왕별꽃, 산개별꽃, 지리산개별꽃 등 많은 별꽃들이 있지만 흔히 볼 수 있는 것들은 아닙니다.

별꽃이라는 이름을 가지고 있지는 않지만 별이 연상되는 꽃을 피우는 식물도 있을 것 같은데요.

네, 그런 식물들은 많습니다. 들판이나 경작지, 길가 주변에 흔하게 자라는 한해살이풀 '벼룩나물'도 그중 하나입니다. 별꽃과 같이 석죽과에 속하기 때문에 별꽃과 모양이 거의 비슷합니다. 물론 별꽃과 달리 잎자루가 없고, 꽃밥이 노란색이기 때문에 자주색을 띠는 별꽃과는 차이가 있습니다. 들별꽃, 벼룩별꽃, 애기별꽃이라는 이름도 가지고 있습니다. 제주도와 전남 일부 섬의 초지에서 자라는 노란별수선과의 '노란별수선'도 꽃 모양이 가히 황금빛 별꽃이라 할 수 있습니다. 나무 중에서는 관상용이나 정원 울타리로 많이 심는 중국 원산의 꼭두선이과 '백정화'도 별꽃과 매우 흡사합니다.

수줍은 새 각시의 모습
각시붓꽃

숲길을 걷다 보면 눈이 번쩍 뜨이는 들꽃을 볼 수 있다면서요?

칙칙한 회색 도시를 환하게 밝혀주던 화려한 벚꽃이 바람에 눈처럼 흩날리고 있습니다. 한꺼번에 피었다가 일시에 지는 벚꽃의 모습을 보면 문득 일생의 덧없음을 느끼기도 하지만, 4월은 여기저기에서 피어나는 꽃을 마중 다니기도 벅찬 계절입니다. 지금 뒷산에 오르면 양지꽃, 반디지치, 옥녀꽃대, 제비꽃, 자주괴불주머니, 개별꽃 등이 발길을 멈추게 합니다. 오늘은 그중에서도 수줍은 새 각시의 모습을 떠올리게 하는 각시붓꽃을 비롯한 붓꽃과 식물에 대해 알아보겠습니다.

붓꽃은 어떤 식물인가요?

붓꽃은 보통 백합목으로 분류하는데, APG II 분류체계에서는 아스파라거스목에 속합니다. 붓꽃과에 속하는 식물은 전 세계에 300여 종 가까이 분포하고 있으며 북반구 지역을 중심으로 분포합니다. 우리나라에는 총 18종의 붓꽃과 식물이 분포하고 있으며, 이 중 17종이 붓꽃속, 1종이 범부채속에 속합니다. 주로 산야지의 개울가와 초지 등에 자생하며 잎과 꽃의 관상 가치가 높아 동서양에서 인기를 끌고 있는 화초입니다.

붓꽃류는 꽃봉오리의 모양이 붓과 닮았다 하여 붙여진 이름으로, 붓꽃속을 칭하는 서양 이름 '아이리스(Iris)'도 친숙하게 느껴집니다. 아이리스는 그리스신화에 나오는 아름다운 여신의 이름으로 무지개라는 뜻을 가지고 있습니다.

▲ 붓꽃

우리나라에 붓꽃류가 18종이나 있다고요?
그렇다면 그중에서 가장 흔하게 볼 수 있는 붓꽃은 뭔가요?

각시붓꽃은 4월 말에서 5월 초경 뒷산에 오르면 어렵지 않게 볼 수 있는 풀꽃으로, 수많은 붓꽃과의 식물 중에서 가장 작은 키를 가지고 있습니다. 각시붓꽃은 소담스럽게 모여 피는데 그 이름처럼 갓 시집온 새 각시같이 귀엽고 예쁩니다. 갈색 나뭇잎 사이로 함초롬한 자주색 꽃대를 내민 각시붓꽃은 나그네의 발길을 멈추게 하는 아주 작지만 매력적인 예쁜 들꽃입니다. 간혹 각시붓꽃에 반하여 덥석 캐 가는 사람들이 있는데, 각시붓꽃은 옮겨 심어지는 것을 싫어하는 품종이라 집에서 가꾸는 것이 거의 불가능하니 숲에서 피어난 그대로 보존해야 합니다.

일본에서는 각시붓꽃을 에히메아야메(エヒメアヤメ)라고 부르며 천연기념물과 멸종위기식물로 지정해서 보호하고 있습니다.

▼ 각시붓꽃

붓꽃 종류가 이렇게 많은데 구분은 어떻게 하나요?

사실 전문가도 구분하기가 어렵습니다. 알기 쉽게 꽃 색깔로 구분해보자면 노란색에는 노랑붓꽃, 금붓꽃, 만주붓꽃과 외래종인 노랑꽃창포가 있습니다. 노랑붓꽃은 하나의 꽃대에 두 송이의 꽃이 피는 데 반해, 금붓꽃은 한 송이의 꽃이 핍니다. 만주붓꽃은 사실상 보기 어려우며, 노랑꽃창포는 유럽 원산의 외래식물입니다. 흰색 계열로는 노랑무늬붓꽃과 흰각시붓꽃이 있습니다. 그 외의 꽃은 모두 청자색이나 담자색을 띱니다.

각시붓꽃, 솔붓꽃, 난장이붓꽃은 체구가 아주 작아 다른 붓꽃과 구분이 쉽습니다.

▼ 노랑붓꽃

일반인은 붓꽃과 난초의 구분이 힘들 것 같은데요.

사실 붓꽃과 난초는 가늘고 긴 잎의 모양이 비슷하고, 꽃의 모양 또한 꽃잎과 꽃받침의 구별 없이 6장으로 비슷합니다. 하지만 자세히 보면 붓꽃의 꽃잎과 꽃받침은 방사대칭으로 늘어서 있는데 반해, 난초는 좌우대칭의 모양을 하고 있습니다. 또한 붓꽃은 암술머리가 세 갈래, 수술이 3개로 뚜렷이 나타나는데, 난초는 보통 1개의 암술과 1개의 수술이 서로 붙어 한 몸으로 되어 있습니다. 마지막으로 붓꽃은 종자가 큰 편이지만, 난초는 아주 작고 미세한 종자가 씨방에 잔뜩 들어 있습니다.

▲ 노랑무늬붓꽃

문득 든 생각인데, 화투의 5월을 난초라고 부르던데 그 난초가 맞나요?

난초가 아닙니다. 화투에 그려진 것은 난초가 아니라 붓꽃의 한 종류인 제비붓꽃입니다. 이 그림은 일본 아이치현 치류시 야츠하시 마을에 있는 무량수사(無量寿寺)의 유명한 제비붓꽃 정원 풍경을 그린 것이라고 합니다.

이런 오해가 더러 있습니다. 붓꽃 종류 중에 꽃창포라는 꽃이 있는데, 이것을 이름만 듣고 단옷날 부녀자들이 머리를 감는 풀로 착각하고는 합니다. 단옷날 머리를 감는 풀은 천남성과에 속한 창포로, 붓꽃과는 전혀 다른 식물입니다.

꽃창포 ▲

붓꽃과 중에는 우리가 보전에 힘써야 할 식물들이 많이 있다고 들었는데요.

붓꽃과 식물은 난초과 식물 못지않게 아름다워서 동서양을 막론하고 가까이에 심어두고 싶어 하는 사람들이 많습니다. 붓꽃과 식물이 멸종위기를 맞게 된 것은 서식지의 환경 변화가 큰 원인이겠지만, 남획 또한 간과할 수 없습니다. 붓꽃과 식물 중 노랑붓꽃, 대청부채, 솔붓꽃, 제비붓꽃은 멸종위기 2급 식물로 법적 보호를 받고 있으며, 노랑붓꽃, 노랑무늬붓꽃, 넓은잎각시붓꽃, 흰각시붓꽃은 한국에서만 자라는 특산식물입니다.

붓꽃은 생태적으로도 높은 가치를 가지고 있다고 하던데, 구체적으로 어떤 역할을 하나요?

우리나라 하천은 생활하수와 축산 폐수의 배출로 인해 수질오염이 크게 악화되어 그 본래의 기능을 잃어가고 있는데, 최근 수질정화 능력이 우수한 붓꽃과 창포 등의 자생식물을 이용한 도랑 살리기 운동이 펼쳐지고 있다고 합니다.

인공 양액 상태에서 시행한 한 연구에 따르면, 부영양화에 직접 원인이 되고 있는 총질소(T-N) 흡수량을 분석한 결과, 붓꽃과 창포가 아열대 아메리카 원산 외래식물인 부레옥잠에 크게 뒤지지 않았다고 합니다. 총인(T-P) 흡수량을 비교 분석한 결과에서도 흡수 능력이 가장 좋은 것은 붓꽃으로 나타났고, 그 다음이 창포, 부레옥잠 순이었다고 합니다. 결과에서 볼 수 있듯이 인산의 흡수 능력은 오히려 우리 자생 수변식물이 높습니다. 그러므로 관상 가치도 높고, 수질 정화 기능도 우수한 자생식물 붓꽃을 널리 활용했으면 좋겠습니다.

방울새의 조잘거리는 소리가 들릴 듯
큰방울새란

계절의 여왕이라는 5월도 어느덧 중순으로 접어들었네요.

습지는 지구상에서 가장 다양한 생명체들이 서식하는 곳으로, 수많은 수생식물들이 오염물질을 걸러내는 정화조 역할을 하여 '자연의 콩팥'이라고 불립니다. 그런데 시간이 지날수록 지구의 콩팥인 습지가 사라지고 있습니다. 환경부가 최근 3년간 조사한 전국 습지 조사 결과에 따르면 우리나라 습지 중 74곳이 사라지고 91곳의 면적이 감소했다고 합니다. 그런 의미에서 이번에는 습지의 요정 방울새란과 큰방울새란 그리고 지구의 콩팥인 습지에 대해 알아보겠습니다.

생태계에서 습지의 역할은 무엇이고, 왜 사라지고 있는 건가요?

습지는 하천과 지하수의 물 공급원인 동시에 자양분과 퇴적물 속에 영양분을 함유하여 생물다양성을 지지하고 수질을 정화하는 중요한 역할을 하며, 폭우 시 홍수를 완화하는 역할도 합니다. 이러한 습지가 사라지는 원인은 경작지 개발과 시설물 건축, 골프장 건설 등의 인위적 요인이 90%에 달합니다. 일시에 없어지는 것은 아니지만, 인간의 여러 가지 개발 계획과 그 행위로 인해 습지의 면적이 점점 좁아지고 오염되면서 습지로써의 성질을 잃게 됩니다.

▼ 큰방울새란

습지에는 주로 어떤 식물들이 자라나요?

가까운 습지에 가보면 고랭이류, 잠자리난초, 꽃창포, 깨묵, 끈끈이주걱, 땅귀개, 이삭귀개, 산비장이, 물매화, 고마리, 골풀 등이 자라는 것을 볼 수 있습니다. 방울새란과 큰방울새란도 습지에서만 자라는 식물입니다. 습지가 사라지면서 이런 식물들이 서식지를 잃어가고 있어 매우 안타깝습니다.

방울새란은 어떤 식물인가요?

난초과 방울새란속에 딸린 방울새란은 산지의 양지바른 습지에서 자라는 여러해살이 난초입니다. 높이는 10~25㎝로, 뿌리줄기는 옆으로 뻗고, 줄기는 곧추선 형태입니다. 5~6월이 되면 청순한 하얀 꽃이 줄기 끝에서 1개씩 하늘을 향해 피는데, 꽃이 머문 상태처럼 활

▲ 방울새란

▲ 큰방울새란

짝 피지 않고, 다 열지 못한 채 지며, 꽃판에 도드라진 붉은 점이 박혀 있다는 특징이 있습니다.

큰방울새란에 대해서도 알려주세요.

큰방울새란은 방울새란과 비슷한 형태를 가지고 있지만, 크기가 약간 더 크고, 꽃이 보라색을 띠며, 방울새란과 달리 꽃이 활짝 벌어집니다. 꽃은 5월경에 피는데, 식물체에 비해 유난히 크고 우아하며, 잎이 두껍고 광택이 납니다. 또한 우아한 핑크빛 순판이 밀생한 육질의 돌기가 감상 포인트입니다.

두 난초는 서식지도 약간 다릅니다. 방울새란은 습도가 높고 배수

▲ 끈끈이주걱

가 잘 되는 곳에 자라는 반면, 큰방울새란은 항상 물이 고여 있는 습지에서 자랍니다.

방울새란과 큰방울새란은 방울새와 관련이 있나요?

방울새란이라는 이름은 텃새 중 참새목 되샛과에 속한 방울새에서 유래되었다고 하는데, 수컷 방울새의 가슴과 허리가 녹색, 부리가 분홍색인 점이 방울새란과 닮아 이름이 그렇게 붙었다고 합니다. 하지만 개인적으로는 방울새란의 꽃과 방울새의 부리 모양이 닮았다는 것에서 이름이 유래되었다는 설에 더 믿음이 갑니다. 큰방울새란이라는 이름은 방울새란보다 크다는 의미를 가지고 있습니다.

어쨌든 올망졸망 모여 함초롬하게 꽃을 피운 이 난초들을 가만히 지켜보고 있으면, 방울새들이 모여 앉아 또르르륵 또르르륵 청아한 목소리로 조잘거리는 소리가 들리는 듯합니다. 한편으로는 비발디의 '붉은 방울새'라는 플루트 협주곡이 귓가에서 들리는 것 같기도 합니다.

일본에서는 큰방울새란을 토키소우(トキソウ)라고 부르는데, 토키라는 이름은 한국과 일본에서 지금은 볼 수 없는 따오기를 칭하는 말이기도 합니다. 이런 이름이 붙은 까닭은 꽃의 색이 따오기의 날개 색처럼 엷은 홍색을 닮아 있기 때문이라고 합니다.

'큰방울새란'이 등장하는 시도 있다고 하던데, 어떤 시인가요?

「가지 않는 길」이라는 시로 유명한 프로스트가 큰방울새란에 대해 노래한 시가 있습니다. 이 시의 내용 중 자연과 큰방울새란에 대한 사랑이 넘치는 마지막 연을 소개해드리겠습니다.

> 그곳을 떠나기 전
> 우리는 수수한 기도를 올렸다.
> 장차 마을의 풀베기가 시작될 때
> 그곳만은 잊혀지기를 빌었다.
> 혹시 그런 은혜를 입을 수 없다면
> 유예(猶豫)의 시간이나마 얻어
> 꽃이 어지러이 피어 있는 동안만이라도
> 풀베기를 말아 달라고 빌었다.

프로스트가 노래한 큰방울새란은 미국의 로키산맥 일대에 분포하는 로즈 포고니아(rose pogonia)라고 볼 수 있는데, 이 난초는 우리나라에서 자라는 큰방울새란과 비슷한 모습을 하고 있으며, 학명은 *Pogonia ophioglossoides*입니다.

습지에 대해 더 하실 말씀이 있으신가요?

습지는 방울새란과 큰방울새란이 자생하는 곳입니다. 그런 희귀 식물의 서식지인 습지가 온갖 구실로 사라지고 있습니다. 무분별한 일부 사람들 때문에 소중한 것들이 우리 곁에서 자꾸 자취를 감추고 있어 안타까움을 금할 수 없습니다. 저는 프로스트가 이 시를 쓴 심정에 백번 공감합니다. 그러니 이제라도 습지의 중요성을 인식하고 지켜나갔으면 좋겠습니다.

한여름 숲속을 환하게 밝혀주는
나리와 백합과 식물

**꽃이 많이 피는 봄에 비해 여름은
꽃궁기라고 부르기도 한다는데요.**

들꽃 애호가들 사이에서는 요즘 같은 여름철을 꽃이 귀한 계절이라 하여 '꽃궁기'라고 부릅니다. 식량이 궁핍한 봄철인 춘궁기에 빗대서 하는 말이죠.

하지만 식물학자 이영로(李永魯) 교수의 연구에 따르면 우리나라 식물 2,237종을 대상으로 개화 시기를 조사한 결과, 월별로는 7월에 꽃이 가장 많이 폈고, 계절별로는 여름(70%), 봄(59.3%), 가을(14.5%) 순으로 많이 개화하는 것으로 나타났습니다. 전체 결과의 합계가 100%를 넘는 이유는 계절별로 꽃이 겹쳐 피는 시기가 있기 때문입니다. 의외의 결과죠? 봄에 피는 꽃은 색깔이 화려해 눈에 잘 띄지만, 여름에 피는 꽃은 흰색이 많고 색이 연한 데다 울창한 숲에 가려 보이지 않기 때문에 그렇게 느껴진다고 생각합니다. 여름철 숲에서 흔히 볼 수 있는 들꽃 중에 백합과의 꽃들에 대해 알아보겠습니다.

여름 숲에 가면 어떤 꽃들을 볼 수 있을까요?

먼저 여름 숲의 요정, 나리를 소개해드리겠습니다. 우리나라에 자생하는 백합과인 나리는 약 10여 종에 달하는데, 가까운 숲 속에서 흔히 볼 수 있는 것은 애기나리, 참나리, 하늘말나리, 땅나리, 뻐꾹나리 정도입니다. 가장 아름답게 피는 것은 솔나리이지만 안타깝게도 높은 산에서 자라기 때문에 쉽게 볼 수 있는 들꽃은 아닙니다.

나리 중에 으뜸으로 치는 참나리는 햇볕이 잘 드는 곳에서 자랍니다. 꽃이 호피 무늬처럼 알록달록해서 저는 개인적으로 '호랑나리'라

▼ 참나리

▲ 마의 주아

▲ 참나리의 주아

고 부르는데, 참나리의 서양 이름인 Tiger Lily 또한 '호랑이나리'라는 뜻을 가지고 있습니다. 국어학자 홍윤표(洪允杓)에 따르면, 우리가 일반적으로 사용하는 '호랑이'라는 단어는 범 호(虎)자와 이리 랑(狼)자, 접미사 이의 합성어 형태라고 하며, '호랑이'라는 명사는 19세기가 돼서야 보편적으로 사용하게 되었다고 합니다. 혹자는 이런 이유를 들어 원래 Tiger(虎)를 상징하는 우리말 '범'과 '나리'를 합성하여 '범나리'로 부르자는 의견도 있습니다.

참나리, 하늘말나리, 땅나리, 뻐꾹나리를 어떻게 구분하나요?

참나리는 키가 크고 남성적이며 줄기에 검정 구슬 같은 주아[7]가

---

7   자라서 줄기가 되어 꽃을 피우거나 열매를 맺는 싹을 말한다.

매달려있습니다. 이것을 열매로 잘못 아시는 분도 있는데 이것은 열매가 아니라 비늘눈이라는 무성번식 수단입니다. 주아로 번식하는 다른 식물로는 백합목 맛과에 속한 마가 있는데 주아를 심으면 싹이 납니다. 하늘말나리는 주로 숲속 그늘에서 자라며 잎이 우산처럼 뒤로 젖혀져서 납니다. 꽃은 꼿꼿하게 하늘을 향하고 있습니다. 땅나리는 체구가 작은데 수줍은 듯 꽃이 땅을 향해 고개를 숙이고 있습니다. 과거에 멸종위기종이었던 뻐꾹나리는 꽃잎에 난 자주색 반점이 뻐꾸기의 가슴 깃털과 비슷하다 하여 그런 이름이 붙었는데, 제가 보기에는 꼴뚜기와 더 비슷한 것 같아 '꼴뚝나리'라고 부릅니다.

나리는 잎의 형태로도 크게 두 가지로 나눌 수 있습니다. 잎이 어긋나는 하늘나리, 날개하늘나리, 중나리, 털중나리와 잎이 돌려나는 말나리, 섬말나리가 있습니다.

▲ 뻐꾹나리

▲ 땅나리

백합과 나리는 다른가요?

일반적으로 백합이란 서양에서 원예품종으로 개발된 흰 백합을 말하는데 우연찮게도 나리의 한자 이름이기도 합니다. 나리는 전분이 풍부해서 뿌리가 구황식물로 이용되었는데, 뿌리 즉, 비늘줄기가 백여 개의 조각으로 합해져있다 하여 붙여진 이름입니다. 그래서 흰 백(白)자가 아니라 일백 백(百)자를 사용합니다. 백합의 종류가 많기 때문에 그렇게 부른다고 하는 설도 있습니다.

▲ 솔나리

요즘 숲에 가면 원추리도 많이 보이던데, 원추리도 백합과가 맞나요?

그렇습니다. 그런데 원추리라는 것은 식물의 이름이 아니라 백합과 원추리속이라는 종류를 나타내는 말입니다. 참나무와 동일하다고 볼 수 있습니다. 참나무도 참나무과를 통칭하는 명칭이지, 참나무라는 이름의 나무는 없습니다. 원추리는 한반도에 약 10여 종이 분포하고 있다고 합니다.

우리가 흔히 볼 수 있는 백운산원추리, 주로 중북부지방에서 자라는 골잎원추리, 큰원추리, 각시원추리 그리고 주로 서남해안에 분포하며 밤에 꽃이 피는 노랑원추리, 특정 지역에서만 자라는 태안원추리와 홍도원추리도 있습니다. 이외에 중국에서 원예용으로 들여온 왕원추리도 흔히 볼 수 있습니다. 다만 애기원추리 같은 경우에는 남한에서는 볼 수 없습니다.

▲ 백운산원추리

▲ 노랑원추리

　원추리라는 이름은 한자어 '훤초(萱草)'에서 유래했다고 합니다. 『임원경제지』[8] 같은 조선시대 문헌에 보면 아주 오래전부터, 봄에 나는 원추리의 새순은 나물이나 국으로 끓여먹고, 꽃은 샐러드로 먹었다고 합니다. 지금도 산골에서는 나물로 많이 먹는데 독성이 있기 때문에 독을 잘 제거해야 합니다. 원추리는 꽃이 아름다워 근심을 잊게 해준다는 뜻으로 '망우초(忘憂草)'라 부르기도 하고, 원추리 꽃을 말려서 몸에 지니면 아들을 낳는다는 속설이 있어 '득남초'라도 부르기도 합니다.

8　조선 헌종 때 서유구가 펴낸 실학적 농촌 경제 정책서로, 농업 정책과 자급자족 경제론에 대해 쓴 농업 백과전서이다.

꽃이 말하다　／　059

원추리는 어떻게 구분하나요?

숲속에서 볼 수 있는 대부분의 원추리는 가장 흔한 백운산원추리라고 보시면 됩니다. 백운산원추리라는 이름은 일본 식물학자인 나카이(Nakai, 中井)[9]가 광양 백운산에서 발견하고 명명한 것입니다. 백운산원추리는 주간 개화형으로 화경[10]은 깊게 갈라지고 향기가 없습니다. 노랑원추리는 야간 개화형으로 밤에 레몬색의 옅은 노란 꽃을 피우며 원추리 중 드물게도 꽃에서 향기가 납니다. 태안원추리는 안면도 해안 주변에서 자라는 한국 특산종으로 주간 개화형이며 화경은 얕게 분지하고 향기가 없습니다. 홍도원추리는 전남 홍도, 흑산도, 가거도 등지에 분포하는 한국 특산종으로 주간 개화형이며 화경은 얕게 분지하고 향기가 없습니다. 화단에서 흔히 볼 수 있는 중국 원산의 왕원추리는 오렌지 같은 주황색의 큰 꽃이 특징입니다. 겹꽃은 겹왕원추리라고 부릅니다.

원추리는 한 송이의 꽃을 피운 뒤 하루 만에 집니다. 원추리의 영어 이름인 데이 릴리(Day Lily)처럼 원추리속의 명칭인 "헤메로칼리스(Hemerocallis)"는 '하룻날의 아름다움'이란 뜻을 가지고 있습니다. 지금 숲에 가시면 꽃궁기를 잊게 해줄 백합과의 식물, 보라색 꽃을 피우는 맥문동과 연분홍 꽃을 피우는 무릇을 보실 수 있습니다.

---

9 식물분류학자, 동경대학 이학부 식물학과 졸업. 우리나라, 일본, 동아시아 식물 조사연구를 전문으로 했다.

10 꽃이 달리는 줄기를 말한다.

이루어질 수 없는 사랑
상사화

**곧 상사화 축제가 열린다고 하던데,
상사화는 어떤 꽃인가요?**

바야흐로 상사화의 계절이 돌아왔습니다. 8월 중순부터 피기 시작한 상사화들이 절정을 지나고 있습니다. 1~2주 정도만 지나면 핏빛 꽃무릇이 전남 영광 불갑사와 함평 용천사 나무 그늘을 붉게 물들일 것 같습니다. 때마침 9월에는 '영광 불갑산상사화축제'와 함평 '꽃무릇큰잔치'가 열린다고 합니다. 그러므로 우리나라에서 자라고 있는 수선화과에 속하는 상사화속 7종에 대해 알아보겠습니다.

상사화라는 이름이 왠지 애잔한 느낌을 주는 것 같네요.

상사화는 불교 경전의 '화엽불상견 상사화(花葉不相見 相思花)'에서 나온 말인데, '꽃과 잎은 서로 만나지 못하지만 서로 끝없이 생각한다'라는 의미를 가지고 있습니다. 상사화는 잎이 지고 나서야 꽃이 피는 독특한 생태 특성을 가지고 있기 때문에 상사화의 꽃을 여성으로, 상사화의 잎을 남성으로 의인화하여 꽃과 잎이 만나지 못하는 이루어질 수 없는 사랑에 대한 안타까운 마음을 표현하고 있습니다. 그래서인지 속세의 여인과 스님의 이루지 못한 간절하고 애틋한 사랑 이야기도 전해지고 있습니다.

보통 절 주변에는 스님들의 정신수양에 방해가 되지 않도록 수국이나 불두화 같은 꽃을 많이 심는데, 꽃은 피지만 향기나 꿀이 거의 없어 벌과 나비들이 찾아오지 않습니다. 하지만 상사화 같은 경우에는 상사화의 인경(鱗莖)에서 전분을 추출하여 이용하려는 목적으로 많이 심었다고 생각됩니다.

▼ 백양꽃

▼ 진노랑상사화

상사화도 7종이나 있다고 하셨죠?

우리나라의 상사화속에는 진노랑상사화, 붉노랑상사화, 위도상사화, 제주상사화, 백양꽃 등 5종의 고유종과 중국에서 들어온 것으로 판단되는 석산, 상사화 등이 속해있습니다.

진노랑상사화는 8월 중순경 진노란색 꽃이 피는데 화피가 라면가락처럼 구불구불 주름져있습니다. 영광 불갑산이 최대 자생지로, 분포지가 매우 협소해서 멸종위기 2급으로 지정되어 있습니다. 붉노랑상사화는 비교적 널리 분포하는 편으로 8월 말경 주로 노란색 꽃이 핍니다. 그리고 시간이 지날수록 수술이 붉게 변하기 때문에 붉노랑상사화라고 불립니다. 간혹 흰색이나 붉은색 꽃도 볼 수 있습니다. 전남 장성 백양사에서 처음 발견된 백양꽃은 백양사 주변과 경상남도 등지에 분포하며 꽃은 주황색을 띠고 있습니다. 위도상사화는 8월 중순경 흰색과 미색 두 가지 색으로 꽃이 피는데 전라북도 부안군에 있는 위도에서만 자랍니다. 흥미로운 것은, 독성이 강한 대부분의 상사화와 달리 위도상사화는 독성이 없다는 점입니다. 그렇기 때문에 비늘줄기는 엿으로 고아 먹고, 꽃대는 나물로 먹는 풍습이 있습니다. 그 외에는 제주도에서만 자라는 제주상사화가 있습니다. 5종의 우리 상사화 중 진노랑상사화와 백양꽃만이 종자번식이 가능합니다.

중국에서 들어온 것으로 보이는
석산과 상사화는 어떻게 다른가요?

상사화는 불교를 따라 중국에서 들어온 것으로 알려져 있으며 여기저기에서 흔히 볼 수 있습니다. 또 상사화속 중 가장 빠른 시기인 7월부터 분홍색 꽃을 피우는데 보통 칠월칠석 전후로 꽃을 피운다고 표현합니다.

꽃무릇이라 부르는 석산은 초가을인 백로와 추분 사이에 붉은 꽃이 무더기로 핍니다. 석산은 선사시대에 들어왔다는 설과 불교와 함께 중국에서 유래했다는 설이 있습니다.

석산이 절 주변에 많이 심어진 이유가 궁금하네요.

첫 번째로 석산의 비늘줄기는 절에서 긴요하게 이용할 수 있었습니다. 꽃을 말려 탱화를 그리는 물감을 만들고, 탱화를 그리거나 단청을 할 때 뿌리 즙을 칠했다고 합니다. 뿌리에는 유독 물질인 리코린(Lycorin) 등의 알칼로이드(alkaloid) 성분이 함유되어 있어 좀을 방지하고 변색을 방지할 수 있다고 합니다. 또 한편으로는 석산의 비늘줄기에 함유된 독성을 제거한 후 전분을 추출해 식용으로 사용했을 가능성도 높다고 생각합니다.

두 번째로 석산의 왕성한 생명력과 번식력에서 그 이유를 찾을 수 있습니다. 모든 상사화는 꽃이 지고 휴면기를 가진 뒤 이른 봄에 새순이 돋아 5월경 잎이 지는데 반해, 석산은 꽃이 지면 잎이 바로 나와 월동을 하므로 다른 식물보다 훨씬 유리한 생장 환경을 갖게 됩니다. 하지만 이로 인해 일종의 생태교란 현상이 일어날 수도 있습니다. 석산은 꽃이 지는 가을부터 잎이 돋아 융단처럼 지면을 덮어버리기 때문에 봄에 새싹이 돋는 토종 식물에게 어려운 생장 환경이 될 수 있습니다. 반면 석산은 방해 없이 계속적으로 확산해 아무도 예기치 못한 숲 생태계 교란이 일어날 수 있습니다. 따라서 정원이나 공원이 아닌 숲에 석산을 심으려면 신중히 검토해야 할 필요가 있습니다.

▼ 붉노랑상사화

'영광 불갑산상사화축제'와 함평 '꽃무릇큰잔치'의 명칭이 서로 다른데 어떤 명칭이 더 정확하다고 볼 수 있을까요?

두 지방자치단체 간의 차별화 전략으로도 보입니다만, 두 가지 명칭 모두 잘못된 것은 아니라고 생각합니다. 함평 '꽃무릇큰잔치'는 한자 국명인 석산(石蒜)을 대신하여 우리말 이름인 '꽃무릇'을 사용해 어감이 부드러우며, 꽃이 무더기로 피어난다는 느낌을 줘 아름다운 축제를 연상하게 하는 아주 좋은 축제명이 아닐까 생각합니다. 어떤 사람들은 꽃무릇, 즉 석산을 대상으로 하는 축제인데 이것을 상사화축제라고 부르는 것은 부적절하다고 하기도 합니다.

하지만 '영광 불갑산상사화축제'의 경우, 축제의 주 무대가 불갑산이기 때문에 꽃무릇 뿐만 아니라 그 외에 자생하는 진노랑상사화와 백양꽃 등 다양한 상사화속의 식물들도 경험할 수 있어 집합적인 의미로 호기심과 상상력을 자극하는 재치있는 축제명이라고 생각합

▼ 석산 구근   ▼ 석산 구근

니다. 영광군에서는 불갑산에 다양한 상사화를 식재한 상사화 공원을 조성해 축제 분위기를 한껏 고조시키고 있기도 합니다.

석산(꽃무릇) ▼

매화를 닮은 듯

물매화와 매화라 불리는 식물

벌써 국화 향기가 그윽하게 느껴지는 가을이네요.

봄꽃이 따뜻한 남쪽 지방 제주도에서부터 피기 시작한다면 가을꽃은 단풍과 함께 백두대간을 따라 북쪽에서부터 내려옵니다. 지금 숲에 가시면 들꽃 잔치가 벌어지고 있는 것을 보실 수 있습니다. 산국과 감국, 개쑥부쟁이, 용담, 개쓴풀, 자주쓴풀, 미역취, 산부추 등이 앞다퉈 자태를 뽐내고 있고, 몸을 낮추고 자세히 들여다봐야 하는 물매화가 꽃쟁이[11]들의 발길을 붙잡습니다. 이 가을꽃 잔치는 앞으로 길어 봐야 2주 정도 남았습니다. 마지막으로 좀딱취 꽃이 피면 이제 긴 꽃궁기에 접어들 것입니다. 그런 의미에서 가을 들꽃의 백미로 칭하는 물매화와 매화라고 부르는 식물들에 대해서 알아보겠습니다.

---

11 들꽃 애호가들이 스스로를 칭하는 말이다.

가을 들꽃의 백미, 물매화는 어떤 꽃인가요?

물매화는 범의귓과에 속하는 풀꽃입니다. 물매화란 이름은 산기슭의 물가나 습지에서 자라는 물매화의 모습 때문에 '물 가까이 자라는 매화를 닮은 꽃'이라는 의미를 지니고 있습니다. 물매화 줄기는 3, 4개씩 뭉쳐나는데 곧게 서 있는 모습으로 높이는 10~30㎝ 정도입니다. 높은 산에서는 8월 말이면 꽃이 피지만, 남부지방에서는 10월 중순경 꽃이 핍니다. 줄기 끝에 하얀 꽃이 1개씩 하늘을 향해 피는데, 백 원짜리 동전 정도의 크기를 가지고 있습니다. 물매화는 숫자 5와 관련이 깊은데, 이것은 꽃잎, 꽃받침 조각, 수술, 헛수술 모두가 5개로 이루어져 있기 때문입니다. 물매화는 제가 가장 좋아하는 풀꽃이기도 합니다.

▼ 물매화

물매화가 그렇게 아름다운가요?

제가 들꽃을 찾아다닌 지가 꽤 오래되었는데, 그 계기가 바로 이 물매화에 반해서였습니다. 들꽃을 좋아하는 사람이라면 누구나 물매화의 매력에 빠져들지 않을 수 없습니다. 얼핏 보기에는 소박하고 청초한 풀꽃에 불과한 듯 보이지만 자세히 보면 사군자(四君子)의 으뜸이라 할 수 있는 매화보다도 아름답습니다. 고결한 기품, 결백한 꽃…. 거기에 단아함마저 서려있습니다. 특히 카메라 렌즈로 들여다봤을 때, 헛수술 끝에 맺힌 가짜 꿀샘은 영롱한 진주의 모습과 같아 화려함의 극치라는 여왕의 왕관을 보는 듯 가슴 떨리게 합니다. 또한 꽃이 지고 나면 갈색으로 변하는 다른 풀들의 풀대 줄기와는 달리 꽃이 지더라도 변함없이 꼿꼿하게 서서 그 고고함을 잃지 않습니다.

▼ 물매화

▲ 매화

물매화 중에 립스틱 물매화라는 이름도 있다면서요?

 물매화의 수술 꽃밥은 대개 연한 미색입니다. 그런데 일부 물매화의 수술 꽃밥에 변이가 생겨 붉은색을 띠기도 하는데 이것이 마치 립스틱을 바른 듯 보여 립스틱 물매화라고 부르는 겁니다. 따로 종을 구분하는 명칭은 아니고 들꽃 애호가들 사이에서 부르는 이름입니다. 물매화 자체가 아주 매혹적인 들꽃인데 거기에 선홍색 립스틱까지 발랐으니 얼마나 아름답겠습니까. 립스틱 물매화를 보러갈 생각을 하니 벌써 마음이 설렙니다.

극찬을 아끼지 않으시네요. 물매화에 관한 전설도 있을 까요?

물매화는 반짝이는 별들이 풀밭에 가만히 내려앉은 듯한 모습의 하얀 들꽃입니다. 그 꽃잎은 선녀들의 하얀 드레스를 떠올리게 하는데 전설도 이와 연관이 있습니다. 옛날 하늘나라에 옥황상제의 정원을 가꾸고 관리하는 선녀가 있었습니다. 어느 날 황소가 정원을 엉망으로 망가뜨려 놓았는데, 이를 보고 진노한 옥황상제는 황소를 막지 못한 선녀를 하늘나라에서 쫓아냈습니다. 하늘나라에서 쫓겨난 선녀는 지치고 힘든 몸을 이끌고 십이궁도를 떠돌다가 발을 헛디뎌 지상의 웅덩이로 떨어지고 말았는데, 그곳에서 예쁜 꽃 한 송이가 피어났다고 합니다. 이 꽃이 바로 물매화입니다.

매화라는 이름의 식물이 많다고 하던데 이유가 뭘까요?

매실나무는 서리와 눈을 두려워하지 않고 언 땅 위에 고운 꽃을 피워 맑은 향기를 뿜어내는 나무로, 동양 문화권에서는 꽃 이상의 의미가 있습니다. 춘한(春寒)[12] 속에 홀로 핀 매실나무 꽃의 고고한 자태는 선비의 곧은 지조와 절개로 비유되었고, 특히 청초한 자태와 좋은 향기로 인해 아름다운 여인으로 비유되기도 했습니다. 옛사람들은 꽃잎이 5장이고 매실나무의 꽃과 닮았다면 나무와 풀을 가리지 않고 매화라고 부를 정도로 매실나무에 대한 사랑이 깊었습니다.

---
12 이른 봄날의 추위를 말한다.

▲ 암매

자료를 찾아보니 매화라고 부르는 식물의 이름이 자그마치 70여 종에 달했습니다.

매화라는 이름이 참 많네요.
매화라고 부르는 나무도 있다면서요?

세계에서 가장 작은 나무로 알려진 암매과의 암매가 있습니다. 멸종위기 1급으로 한라산에서 귀하게 볼 수 있으며 '돌매화나무'라고도 부릅니다. 암매는 마치 이끼 위에 매화꽃을 뿌려놓은 듯한 형상을 하고 있습니다. 장미과인 황매화는 꽃이 노랗게 피기 때문에 황매화라고 부르며 겹꽃은 '죽단화'라고 부릅니다. 추위를 뚫고 제일

▼ 모데미풀

먼저 봄소식을 전하는 납매(臘梅)라는 나무가 있습니다. 받침꽃과에 속하는 납매는 '섣달에 피는 매화'라는 뜻으로 납(臘)은 섣달을 의미합니다. 범의귓과의 매화말발도리는 매화를 닮은 말발도리라는 뜻의 이름입니다. 매화오리나뭇과에 속하는 매화오리나무는 멸종위기 2급으로 꽃 모양 때문에 매화라는 이름이 붙어있습니다.

매화로 불리는 풀에는 무엇이 있을까요?

　매화마름, 매화노루발, 금매화, 매화바람꽃 등이 있으며, 모데미풀은 '운봉금매화', 나도양지꽃은 '금강금매화', 물싸리풀은 '풀매화', 나도범의귀는 '덩굴풀매화'처럼 별명이 매화인 풀들도 있습니다.

2장

나무가
대답하다

봄의 전령사

생강나무와 산수유

복수초나 노루귀 같은 들꽃을 사람들은 '봄의 전령사'라고 부르는데요. 풀꽃 외에도 '봄의 전령사'라고 부를 만한 나무가 있을까요?

우리는 한겨울부터 봄을 애틋하게 그리며 꽃 소식을 기다리는데요. 말씀하신 것처럼 가장 먼저 꽃을 피우는 풀꽃을 '봄의 전령사'로 대접합니다. 풀꽃 중에는 복수초나 노루귀가 그런 들꽃이고, 나무의 꽃 중에서는 숲속에 있는 생강나무와 동네에서 볼 수 있는 산수유가 그런 역할을 하는 것 같습니다. 3월 초가 되면 누구보다 먼저 꽃 소식을 알려주는 반가운 봄의 전령사, 생강나무와 산수유에 대해 알아보겠습니다.

생강나무와 산수유의 노란 꽃을 보면 포근한 느낌이 들지만, 항상 봐도 구분하기가 어려운 것 같아요.

그렇죠. 같은 시기에 꽃이 피는데다 꽃 모양도 비슷하기 때문에 구분하는 것이 쉽지 않습니다. 하지만 자세히 보면 구분이 그리 어려운 것도 아닙니다. 우선 숲속에 있으면 생강나무, 민가 근처에 있으면 산수유라고 보시면 됩니다. 꽃 모양도 다른데요. 생강나무는 꽃자루가 짧고 털이 매우 빽빽하며 수술이 짧아 꽃 밖으로 나오지 않습니다. 산수유는 생강나무에 비해 꽃자루가 작고 수술이 길며 꽃잎이 뒤로 젖혀진 모양입니다. 나무의 껍질도 다른데, 생강나무는 껍질이 매끈한 반면, 산수유 껍질은 지저분하게 벗겨집니다.

▼ 생강나무

생강나무에 대해서는 몇 번 들어본 적 있는데 쓰임새가 참 많은 나무라는 생각이 드네요.

생강나무는 가지를 꺾거나 잎을 문지르면 생강 냄새가 난다고 해서 붙여진 이름인데, 중국 산동성에서 생강나무를 칭하는 '산강(山薑)'의 영향이 아닌가 하는 생각도 듭니다. 말씀하신 대로 생강나무는 쓰임새가 많습니다. 열매로 기름을 짜서 머릿기름이나 등유로 쓰기도 하고, 꽃은 꽃차로 마시기도 합니다. 차나무가 귀했던 북쪽 지방의 사람들은 생강나무의 어린잎을 따서 말렸다가 차로 즐겨 마셨다고 합니다. 전통차 중에는 자색을 띠는 독특한 모양의 찻잎이 있는데, 찻잎의 끝 모양이 참새의 혀를 닮아 작설차라고 부릅니다. 강원도 일부 지역에서는 같은 차는 아니지만 생강나무의 어린잎으로

▲ 생강나무속 비목나무(좌), 생강나무(우 상단), 털조장나무(우 하단)

만든 차를 작설차라고 부르기도 합니다. 또한 어린잎은 데쳐서 나물로도 먹고, 모내기 철이 되면 잎으로 부각을 만들어 먹기도 하는데 독특한 풍미가 있다고 합니다. 마지막으로 생강나무 줄기는 타박상이나 어혈, 멍들고 삔 데 달여 먹는 약으로 사용하기도 합니다.

생강나무도 몇 가지 종류가 있다고 들었는데요.

녹나뭇과인 생강나무는 하나의 속이라는 갈래를 이루고 있는데, 생강나무속에는 생강나무를 비롯한 털조장나무, 비목나무, 감태나무, 뇌성목이 있습니다. 그 외에는 잎 끝이 세 갈래로 갈라지는 생강나무와 달리 잎이 갈라지지 않고 둥근 '둥근잎생강나무', 단풍잎처럼 다섯 갈래로 갈라진 '고로쇠생강나무', 잎 뒷면에 긴 견모가 있는 '털생강나무'라는 변종이 있습니다. 이 중에 생강나무와 매우 흡사한 것이 광주 무등산 일대에 자라는 털조장나무인데, 생강나무에 비해 잎이 좁고 갈라지지 않은 모양을 가지고 있습니다. 또한 꽃이 주로 가지 끝에 달리고 줄기가 녹색인 점이 생강나무와 다릅니다.

**숲에서 볼 수 있는 생강나무와 달리 산수유는
주로 민가 근처에서 볼 수 있다는데 그 이유가 뭔가요?**

산수유는 층층나뭇과인데, 원래 중국에서 자라는 것을 약재로 사용하기 위해서 갖다 심은 겁니다. 『삼국유사』를 보면 신라 48대 경문왕(861~875년)과 관련된 설화가 있습니다.

"왕위에 오른 경문왕은 귀가 갑자기 길어져 나귀의 귀와 같아졌다. 왕비와 궁인들은 이를 알지 못했지만, 오직 모자를 만드는 장인만은 알고 있었다. 그는 평생 이 일을 발설하지 않았다. 하지만 죽을 때가 다가오자, 도림사 대나무 숲속의 아무도 없는 곳에 들어가 '임금님 귀는 당나귀 귀'라고 외쳤다. 그 뒤로 대나무 숲에서는 바람이 불 때마다 '임금님 귀는 당나귀 귀'라는 소리가 들렸다. 그 소리가 듣기 싫었던 왕은 대나무를 베어버리고 산수유를 심었는데, 그 뒤로는 다만 '임금님 귀는 길다'라는 소리만이 났다."

▼ 산수유

이로 미루어 보면 우리나라에서는 적어도 천이백 년 전부터 산수유가 재배되고 있었다는 것을 알 수 있습니다. 1970년도에 광릉 지역에서 자생지가 발견되었다는 설도 있으나 중국 원산으로 보는 견해가 많고, 저도 그렇게 생각하고 있습니다.

산수유라 불리는 다른 나무도 있다고 들었는데요.

원산지 중국에서는 산수유 외에도 수유라는 나무가 두 가지 더 있습니다. '오수유(吳茱萸)'와 '식수유(食茱萸)'가 그것인데 오수유는 중국 서부 원산의 운향과 식물이며, 식수유는 우리나라에서도 분포하는 머귀나무입니다.

▼ 머귀나무

전남 구례군이 산수유 재배지로 아주 유명한데, 혹시 중국 산둥성과 무슨 관계가 있지는 않을까요?

아주 좋은 질문입니다. 전남 구례군 산동면 계천리에는 키 16m, 뿌리목 둘레 440㎝에 달하는 우리나라에서 가장 크고 오래된 산수유 고목나무 한 그루가 있는데, 천 년 전에 어떤 처녀가 중국에서 이곳으로 시집오면서 가져다 심었다는 설이 있습니다. 이곳의 면 이름인 '산동면'도 처녀의 고향인 중국의 산둥반도에서 유래되었다고 하는 설도 있는데 곧이곧대로 믿을 수는 없지만 흥미로운 이야기입니다. 다만 이 나무의 나이가 천 년이라는 것은 이것이 우리나라 산수유의 시목(始木)이라는 상징성을 나타내기 위한 주장이며, 실제 수령은 삼, 사백 년 정도라고 합니다.

지금까지 생강나무와 산수유에 대해서 알려주셨는데요. 봄에 피는 꽃 중에 노란색이 많은 이유는 뭘까요?

꽃의 색깔은 그 속에 들어 있는 색소의 종류에 따라 나뉘는데, 이 색소에는 크게 세 가지 계통이 있습니다. 광합성과 관련돼 있으며 줄기와 잎사귀가 초록색으로 보이게 하는 '엽록소', 붉거나 푸른색을 내는 '안토시아닌(Anthocyanin)', 노란색과 주황색의 특징을 보이는 '카로티노이드(Carotinoid)'가 그것들입니다. 생강나무나 개나리 같은 꽃은 카로티노이드가 많이 함유돼 있다고 볼 수 있습니다. 한 조사에 따르면 우리나라에 자생하고 있는 꽃들 중 노란색 꽃과 흰색 꽃이 각각 32%와 28%로 나타났다고 합니다. 이른 봄에 피는 꽃 중에 노란색이 많은 이유는 노란색 꽃을 가장 좋아하는 벌을 유인하기 위한 진화의 산물이라는 주장도 있습니다. 어쨌거나 노란색 꽃은 사람들의 마음을 따뜻하게 해주고 새로운 출발에 대한 희망을 주는 색이 아닌가 싶습니다.

▼ 산수유

우리 숲의 주인공

참나무

**전에 소나무가 많이 줄었다고 하셨는데,
그렇다면 지금 우리나라에 가장 많은 나무는 뭔가요?**

그것은 바로 선사시대부터 이 땅을 지켜온 나무 중의 진짜 나무, 참나무입니다. 참나무는 한자로 진목(眞木)이라 하는데, 라틴어 속명으로는 '참', '진짜'라는 의미를 가지고 있는 쿠에르쿠스(Quercus)라고 합니다. '재질이 좋은 목재'라는 의미가 있습니다. 참나무는 동서양을 막론하고 그 쓰임새나 활용도가 높은 아주 소중한 나무였습니다. 참나무란 도토리가 열리는 참나뭇과의 나무를 통칭하여 부르는 이름인데 우리나라의 참나뭇과 집안에는 너도밤나무속, 밤나무속, 모밀잣밤나무속, 참나무속 등 대략 15종의 참나무가 있습니다. 이 중에서 기본종인 낙엽 지는 참나무 여섯 종에 대해서만 말씀드리겠습니다.

참나무가 소나무보다 많다고요?
소나무 다음으로 많은 게 아니고요?

많은 사람들이 소나무가 더 많다고 생각하지만 우리나라 산림면적의 약 27%는 참나무, 그 다음으로 소나무가 약 23%를 차지하고 있습니다. 그러니까 참나무와 소나무만 정확히 알아도 우리 숲의 절반은 알 수 있다는 의미입니다. 더군다나 기후변화 때문에 앞으로 머지않아 참나무가 우리 숲을 점령하게 될 것이라 예상합니다.

▲ 졸참나무

참나무의 기본 6종은 어떤 것들이 있을까요?

비슷한 것들끼리 묶어 간단히 형태와 이름의 유래 등을 살펴보겠습니다. 우선 상수리나무와 굴참나무는 잎이 길쭉합니다. 상수리나무는 임진왜란 때 선조가 의주로 피난을 갔는데 임금님 상에 도토리묵이 올랐다 하여 '상수라'가 상수리로 변했다고 하고, 굴참나무는 수피에 골이 깊게 났다는 뜻의 경기도 사투리인 '골참나무'를 굴참나무로 부르게 되었다고 합니다. 다음으로 갈참나무와 졸참나무는 잎자루가 긴 것이 특징인데, 갈참나무는 잎이 넓고 가을 늦게까지 떨어지지 않는 경우가 많습니다. 졸참나무는 잎과 열매가 가장 작아 졸참나무가 되었다고 하는데 키는 오히려 다른 나무보다 큽니다. 지리산 피아골에 가서서 졸참나무 거목을 보면 졸참나무에 대한 생각이 달라질 것입니다.

신갈나무와 떡갈나무는 어떻게 다른가요?

신갈나무와 떡갈나무는 잎자루가 아주 짧은 것이 특징입니다. 신갈나무는 '신발에 까는 나무'라는 뜻으로, 백두대간에 가장 많이 자라는 나무이지만 어느 정도 높은 산에 올라야 보실 수 있습니다. 떡갈나무는 '떡을 할 때 시루에 까는 나무'라는 뜻으로, 떡갈나무로 싸서 떡을 하면 부패도 잘 안 되고 더욱 맛있다고 합니다. 단옷날 일본에서는 떡갈나무로 가시와모찌(柏餅)라는 떡을 해먹는 풍습이 있어, 과거에는 떡갈나무 잎을 일본에 수출하기도 했습니다.

▲ 가시와모찌(柏餠)

참나무 열매인 도토리는 임금님이 직접 시식을 할 정도로 귀중하게 여겼던 구황식물이라고 하던데요?

『삼국사기』,『고려사』,『조선왕조실록』등의 기록을 보면 예로부터 도토리는 아주 긴요한 구황식물이었습니다. 흉년이 들면 어김없이 도토리가 많이 열려서 사람들을 먹여 살렸습니다. 한라산에는 수령이 약 육백 년 정도 되는 물참나무가 있는데, 흉년 때마다 이 나무 아래 쌓여있는 도토리로 연명(延命)할 수 있었다고 합니다. 이 나무는 그 덕을 칭송하여 '송덕수(頌德樹)'라 칭하고 있습니다. 옛사람들은 흉년 때마다 도토리가 많이 열리는 이유를 몰랐기 때문에 참나무를 영험한 생명줄로 여겼습니다. 옛날에는 논농사가 거의 천수답이었기 때문에 봄철에 비가 오지 않아 가뭄이 들면 흉년이 될 수밖에 없었습니다. 하지만 봄철이 가물고 건조하면 참나무는 꽃가루가 수분이 잘되기 때문에 도토리가 많이 열리는 것입니다. 쉽게 말해 봄철 날씨에 따라 논농사와 도토리의 결실이 반대로 되는 겁니다.

서양에서도 참나무를 귀하게 여기나요?

그렇습니다. 참나무는 선사시대부터 인류에게 특별한 나무였습니다. 유럽 대륙의 고대인들은 참나무가 최초로 창조된 나무이며, 그들의 조상조차도 참나무에서 태어났다는 신화적 믿음을 가지고 있었습니다. 또한 고대 유럽인들과 아메리카 원주민인 인디언들 모두에게 참나무는 그들의 생명줄을 이어줄 도토리를 제공하는 소중한 나무였습니다. 지금까지 전해져 오는 전설을 보면, 유태인들은 아브라함이

▲ 굴참나무 도토리

▲ 참나무가 새겨진 독일 동전

마므레(Mamre)[1]의 참나무 아래에 있다가 하느님의 세 천사를 만났다 하여 참나무를 신성한 나무로 숭배했다고 하며, 그리스인들은 제우스 신의 거처가 참나무 숲에 위치한 에피루스의 오래된 도시, 도도나(Dodona)였다고 했습니다. 또한 로마 사람들에게는 참나무가 쥬피터의 나무였고, 고대 북유럽의 게르만족에게는 참나무의 도토리가 매우 중요한 식량이었기 때문에 풍요를 의미하는 다산과 영생의 상징이기도 하였다고 합니다. 마지막으로 독일인들의 참나무 사랑은 유별나서 동전에도 새기고 국목으로 지정하기도 했습니다.

고 손기정 선수가 베를린 올림픽 마라톤에서 우승해 받은 월계수가 참나무라는 이야기도 있던데요?

맞습니다. 1936년 제11회 베를린 올림픽대회 마라톤에서 우승해 당시 독일 총통이었던 히틀러로부터 받은 월계수는 미국 원산의 '대

---

[1] 팔레스타인 요르단강 서안 지구 남부에 위치한 도시 헤브론(Hebron)에 있는 지명, 아브라함이 마므레의 참나무 아래에 천막을 치고 제단을 설치했다고 한다.

왕참나무(*Quercus palustris*)로, 미국에서는 핀 오크(Pin Oak)라고 불립니다. 월계수와는 전혀 다른 나무입니다. 월계수(*Laurus nobilis*)는 지중해 지역 원산의 녹나뭇과 상록활엽수입니다. 우리나라에서도 남부지방 일부 지역에 심어놓은 것을 볼 수 있습니다.

사람에 따라 소나무를 좋아하는 사람도 있고, 참나무를 좋아하는 사람도 있지 않을까?

지구온난화로 인해 우리나라에서 소나무가 사라지는 현상을 많은 사람들이 안타깝게 생각합니다. 하지만 저는 이것은 기회이고 자연스러운 천이 현상이라고 보고 있습니다. 참나무는 참 풍요로운 나무

▲ 대왕참나무

입니다. 다 자란 참나무 한 그루가 적어도 약 50종의 동식물을 먹여 살립니다. 다람쥐, 청설모, 어치, 멧돼지는 도토리를 먹으러 오고, 사슴, 노루, 고라니는 잎이나 줄기를, 장수풍뎅이나 사슴벌레, 나비 같은 곤충들은 수액을 먹기 위해 옵니다. 참나무 고목에 있는 동공(洞空)은 각종 조류나 설치류, 곰 등의 은신처나 번식 장소로 대단히 중요한 가치를 지니고 있습니다. 참나무 한 그루가 작은 생태계를 구성하고 있다는 것입니다.

참나무의 장점에 대해 더 알고 싶네요.

산림과학원의 연구에 따르면 삼십 년생 이상의 굴참나무 숲과 소

톱사슴벌레 ▲

나무 숲의 헥타르(ha) 당 연간 탄소 저장량과 탄소 흡수량을 조사한 결과, 굴참나무 숲이 소나무 숲에 비해 탄소 저장량은 1.8배, 탄소 흡수량은 2.5배 이상 높았다고 합니다. 참나무 숲이 오늘날 지구를 위기에 처하게 만든 이산화탄소 저감의 대안이라는 거죠. 또 간과할 수 없는 것이 참나무는 목질이 아름답고 단단해 목재로써의 가치가 높다는 것입니다. 가격을 봐도 소나무에 비해 약 2배 정도 높습니다. 외국에서 고가로 수입되는 레드 오크(Red Oak), 화이트 오크(White Oak)[2]가 바로 참나무입니다. 참나무 숲은 소나무 숲에 비해 더 많은 물을 저장할 수 있고 산불에도 강합니다. 참나무 잎은 소나무 잎에 비해 쉽게 분해되기 때문에 유기물질의 순환이 더 활발합니다. 상대적으로 생물다양성이 높아지는 건강한 숲이라고 말할 수 있습니다. 그리고 소나무 숲의 경우 하부의 식생이 빈약하지만 참나무 숲에는 볼만한 들꽃이 많이 자랍니다.

---

2 전 세계에서 가장 많은 오크를 생산, 유통하는 미국은 자국산 오크를 레드 오크와 화이트 오크 두 개의 그룹으로 나눈다. 레드 오크와 화이트 오크는 종의 이름이기도 하고 오크(참나무) 그룹의 이름이기도 하다.

▲ 레드 오크(Red Oak), 화이트 오크(White Oak)

고고한 자태, 아름다운 향기
매실나무

봄꽃 중에 매화를 빼놓을 수가 없는데요, 매화에 대해 알려주실 수 있나요?

매화는 많은 사람들이 좋아하는 꽃이고 잘 알고 있는 꽃이기 때문에 빼놓을 수 없죠. 그렇다면 오늘은 매화로 취급하는 받침꽃과에 속한 납매와 매화에 대해 이야기를 나눠보도록 하겠습니다.

납매란 어떤 꽃인가요?

납매는 자칫 매화와 같은 종으로 생각할 수 있는데 사실은 받침꽃과에 속한 작은 나무입니다. 섣달을 뜻하는 납(臘) 자에 매화나무 매(梅)를 합쳐 섣달에 피는 매화라는 의미로 납매라고 부릅니다. 음력으로 섣달, 그러니까 양력으로 1월 말경에 꽃이 핀다고 하는데 지난해

12월 말경 벌써 피었다는 소식이 있습니다. 『본초강목』에 따르면 "납매는 원래 매화 종류가 아니지만 매화와 같은 때에 피고 향기도 비슷하며 색깔은 밀납(蜜蠟)과 비슷하여서 그 이름을 붙인 것이다."라고 쓰여 있는데 꽃은 연한 노란색으로 매우 달콤하고 좋은 향기가 납니다.

매화도 종류가 너무 많아서 이름을 제대로 외우기가 힘든데요. 매화의 종류에 대해 알려주세요.

매화는 두 가지 이름이 있습니다. 꽃을 중심으로 부를 때는 매화라 하고 열매를 기준으로 할 때는 매실나무라고 합니다. '매화'라고 하면 예술적인 느낌이 강하고, '매실나무'라 하면 매실이 떠올라 이용적인 측면이 생각나는데 국명은 매실나무입니다. 그런가 하면 매

▼ 납매

화는 형태적 관점에서 꽃의 모양과 색깔에 따라 청매, 홍매, 백매로 나뉘고, 겹꽃의 경우에는 만첩백매, 만첩홍매라고 부르는데 이것은 사실 사람들 사이에 통용되는 이름이고, 국가표준식물목록에는 매실나무와 흰매실나무만 올라있습니다.

매화 종류 중에 설중매도 있지 않나요?

매화는 피는 시기에 따라 상징적으로 부르는 이름들이 있습니다. 일찍 핀다고 하여 조매(早梅), 추운 겨울에 핀다고 하여 동매(冬梅), 봄 소식을 전한다 하여 춘매(春梅)라고 부르는데, 말씀하신 설중매(雪中梅)는 눈 속에서도 꽃을 피운다고 해서 불리는 이름입니다. 그러니 조매, 동매, 춘매, 설중매가 매화의 품종을 뜻하는 것은 아닙니다.

▼ 매실나무

흥미로운 것은 전 세계에 무려 300~500종에 달하는 다양한 매실나무 품종이 있지만, 매화의 학명은 푸르누스 무메(Prunus mume) 단 하나만 사용한다는 것입니다. 다시 말하면 모든 매화는 이 학명의 변종이나 원예종 등이기 때문에 반드시 푸르누스 무메로 시작되는 학명을 쓰고 있다는 뜻입니다.

매실나무는 살구나무와 매우 흡사하게 생겨서 얼핏 봐서는 구분이 힘드네요.

매실나무와 살구나무가 비슷하게 생긴 것은 당연합니다. 매실나무와 살구나무는 장미과의 벚나무속(Prunus屬)으로 친척관계이기 때

▼ 홍매

문입니다. 그러나 자세히 살펴보면 구분하는 것이 그다지 어렵지는 않습니다. 우선 꽃을 보면, 매실나무 꽃의 꽃받침은 꽃과 서로 붙어 있지만, 살구나무 꽃의 꽃받침은 뒤로 젖혀져 있습니다. 줄기 같은 경우에는 매실나무의 경우 가로무늬가 뚜렷하고, 살구나무는 세로 무늬가 발달해 있습니다. 또한 잎의 생김새도 다른데, 매실나무 잎은 가장자리의 톱니 모양이 규칙적이지만, 살구나무 잎은 가장자리의 톱니가 잘고 불규칙적입니다.

우리나라에서 자생하는 나무는 맞나요?

중국 원산입니다. 우리나라에는 삼국시대에 들어왔다고 하며, 일

▼ 살구나무

본도 비슷한 시기에 도입되었다고 합니다. 원산지 중국에서는 삼천여 년의 재배 역사가 있다고 합니다. 매실나무는 국화인 모란을 능가할 정도로 중국 사람들이 좋아하는 나무이며, 송죽매(松竹梅)는 세한삼우(歲寒三友)로써 중국 문인화에서 가장 선호한 화제(畵題)라고 합니다. 매화는 우리나라에서도 양반 사대부를 대표하는 상징인 사군자(四君子)였고, 화가들이 즐겨 그리는 소재였습니다. 매화를 그려 넣은 조선시대 '청화백자철사진사양각국문 병(靑花白磁鐵砂辰砂陽刻菊文甁)'은 국보 241호로 지정되어 있으며, 그림 중에서는 김홍도의 '매작도(梅鵲圖)' 등이 널리 알려져 있습니다.

▲ 오원(吾園) 장승업의 매화도

퇴계 이황 선생께서도 매화를 아주 좋아하셨다고요?

그렇습니다. 거기에 얽힌 전설도 있습니다. 퇴계 선생이 단양 현감으로 있을 때 그를 사모하는 기생이 있었는데, 퇴계 선생에게 사랑의 정표로 온갖 선물을 다 주었으나 청렴결백한 선생은 이를 번번이 물리쳤다고 합니다. 하지만 기생은 결코 포기하지 않았는데, 퇴계 선생이 매화를 무척 좋아한다는 사실을 알게 되자 전국에 사람을 풀어 값비싸고 품질이 아주 좋은 백매화 한 그루를 구해 퇴계 선생에게 주었다고 합니다. 그리하니 퇴계 선생도 "나무야 못 받을 것 없지."라며 그 백매화를 동헌 뜰 앞에 심고 즐겼다고 합니다.

끝으로 아름다운 매화를 감상할 수 있는 곳을 소개해주시죠.

매실나무 중 문화적, 역사적 학술 가치 등을 인정받아 2007년에 천연기념물로 지정된 4곳이 있습니다. 첫 번째로 강원도 강릉 오죽헌의 율곡매(栗谷梅)는 오죽헌이 들어설 당시인 1400년경에 같이 심어졌는데, 그 후 신사임당과 율곡이 직접 가꾸었다고 합니다. 두 번째로 전남 구례군 화엄사 매화가 있는데, 들매(野梅)로 알려져 있습니다. 세 번째는 전남 장선군 백양사의 분홍빛 고불매(古佛梅), 네 번째는 전남 순천 선암사에 있는 선암매(仙巖梅)로 육백 년의 역사를 자랑할 만큼 국내에서 가장 오래됐고 유난히 붉은색을 발한다고 합니다. 이외에 전남대학교 교정에 있는 대명매(大明梅)도 아름답기로 유명합니다.

▲ 전남대학교 대명매

은은한 향기, 우아한 기품
목련 무리

향기롭고 우아한 목련은 4월의 꽃이라고 할 수 있는데요. 목련 꽃에 대한 이야기가 기대되네요.

봄이 되자 앙상한 가지 끝에 털모자를 둘러쓴 목련의 겨울눈이 볼록하게 커지더니, 어느 날 아침 새가 알을 깨고 나오듯 모든 봉우리가 일시에 터져 하얀 병아리 같은 꽃이 핍니다. 해마다 목련 꽃이 피면 어떤 시인의 모습처럼 목련 꽃 그늘 아래에서 베르테르의 편지를 읽을 수는 없지만, 발길을 멈추고 휴대폰으로 목련 꽃 사진을 찍어 누군가에게 보내주고 싶다는 생각이 듭니다. 목련 꽃 무리에 대해 알아보도록 하겠습니다.

목련 꽃도 종류가 아주 많다고 알고 있는데, 이번 기회에 자세히 알려주시겠어요?

목련이란 이름은 '나무에서 피는 연꽃'이란 뜻입니다. 실제로 연꽃과 비슷한 모습이죠. 목련은 꽃봉오리가 붓끝 같다고 해서 문필(文筆)이라고 불리는데, 꽃봉오리를 말린 것을 신이(辛夷)라 해서 약재로 사용합니다. 목련은 도감의 활엽수 중 맨 앞장에 나옵니다. 목련은 매우 원시적인 꽃의 형태를 가지고 있는데, 꽃잎과 꽃받침의 구별이 없는 화피로 싸여 있습니다. 또한 암술은 암술머리, 암술대, 씨방의 구분이 없고 수술은 꽃밥과 수술대의 구별이 없습니다.

우리나라의 자생종인 목련과에는 목련, 함박꽃나무, 초령목이 있으며, 중국 원산의 백목련, 자목련, 자주목련, 별목련과 일본목련이 많이 심어져 있습니다. 그리고 북미 원산의 태산목과 백합나무도 있습니다.

▼ 자목련

▲ 목련

이렇게 많은 종류의 목련 중에서 우리가 보통 목련이라고 부르는 것은 어떤 종인가요?

보통, 사람들이 말하는 목련은 중국 원산의 백목련을 의미하는 것 같습니다. '목련(*Magnolia kobus* DC.)'이라는 우리 고유종이 있는데도 불구하고 말이죠. 목련은 제주도에만 드물게 분포하는데 꽃이 피는 모습이 산발하듯 활짝 피는 모습이라 그다지 아름답다고 할 수 없어, 수줍은 듯 꽃잎이 살짝 오므라진 백목련을 더 좋아하는 것 같습니다.

그렇다면 목련의 종을 구분하는 방법을 알아볼까요?

먼저 목련과 백목련의 구분법부터 말씀드리겠습니다. 목련과 백목련은 잎보다 꽃이 먼저 핍니다. 목련 꽃은 보통 6장의 꽃잎과 3장의 꽃받침으로 구성되는데, 3장의 꽃받침이 아주 작아 6장의 꽃잎만 보이는 반면, 백목련 꽃은 꽃잎과 꽃받침의 크기가 거의 비슷하여 모두 꽃잎으로 보인다는 차이가 있습니다. 목련은 꽃잎이 완전히 벌어지지만 백목련은 꽃잎이 3분의 2 정도만 벌어집니다. 그리고 잎은 목련이 백목련에 비해 날카롭게 생긴 편입니다.

우리나라 최고령 목련은 '석교리 목련'[3]입니다. 전라남도 진도군

---

3   백목련으로 알고 있다가 2008년, 박상진 교수에 의해 목련으로 밝혀진 후 전남 기념물 제217호로 지정되었다. 필자의 관찰 결과 자생목련과는 약간의 형태적 차이가 있어 일본에서 갖다 심은 것으로 판단된다.

▼ 백목련

임회면 석교초등학교 교정에 있는 나무로 수령이 약 백 년에 달한다고 합니다.

꽃잎이 자주색인 목련은 모두 자목련이라고 알고 있었는데 자주목련이란 것도 있다면서요?

그렇습니다. 꽃잎의 안팎이 자주색인 것은 자목련이고 꽃잎의 겉은 연한 자주색, 안쪽은 흰색인 것이 자주목련입니다. 자목련은 꽃과 잎이 같이 나고 백목련처럼 꽃받침이 작아 꽃잎이 6장으로 보이며 꽃이 반쯤 벌어지는데, 자주목련의 경우에는 잎보다 꽃이 먼저

▼ 자주목련

피고 목련처럼 꽃잎이 9장으로 보이며 꽃이 완전히 벌어져 핍니다. 자주색으로 보이는 목련은 대부분 자주목련이고 자목련은 보기 쉽지 않습니다.

별목련과 일본목련은 뭔가요?

꽃잎과 꽃받침이 확실히 구분이 되지 않는 경우를 화피라고 합니다. 중국 원산인 별목련은 화피가 12~18개 정도로 많아 꽃이 별모양으로 피기 때문에 별목련이라고 부릅니다.

일본목련은 잎이 크고 어긋나는 형태지만 가지 끝에 모여 나는데, 꽃보다 잎이 먼저 나오고 나중에 하늘을 향해 꽃이 핍니다. 나무껍

▼ 백합나무

질은 '후박'이라 해서 약재로 쓰는데 이 이름 때문에 자생종인 후박나무와 혼동하기도 합니다. 우리나라에는 백운산 등에 일본목련 조림지가 있지만 일본목련이 크게 자랄 경우 잎이 넓어 빛을 독점하기 때문에 숲 생태를 교란시킬 위험성이 있습니다.

북미에서 도입한 목련과 나무도 궁금하네요.

북미 원산인 태산목은 상록수로, 말 그대로 크기, 나뭇잎, 꽃 등 모든 것이 우람하고 대형인 특징이 있습니다. 태산목은 추위에 강하고 적응력이 좋아 유럽이나 중국 등 가는 곳마다 가로수로 웅장하게 자라는 것을 볼 수 있습니다. 아마도 목련과에서 가장 성공한 나무가 아닐까 생각합니다.

백합나무는 수형이 아름답고 목재의 결이 고우며 튤립 모양의 꽃이 핍니다. 백합나무는 속성수로 공원수나 용재수 그리고 밀원식물로도 유망해 많이 심고 있으며, 탄소 흡수량도 다른 나무에 비해 좋은 것으로 알려져 있습니다. 전라남도 강진에 있는 초당림[4]이 대표적인 백합나무 우량 조림지입니다.

---

4   백제약품 창업자인 초당 김기운 회장이 편백, 테다소나무, 백합나무 등 경제 수림을 위주로 1969년부터 조림을 시작해 현재와 같은 울창한 숲을 이루었다. 전남 강진군 칠량면 명주리에 위치하며, 면적은 국내 최대 규모인 960ha로 여의도의 세 배에 달한다.

함박꽃나무를 가장 좋아하신다고 들었는데, 토종 목련에 대해서도 소개해주세요.

누구나 함박꽃나무를 보면 반할 수밖에 없다고 생각합니다. 때 묻지 않은 순백색 꽃잎과 꽃잎의 안정된 배열. 붉은 수술대와 꽃밥은 새하얀 꽃잎을 더욱 더 눈부시게 합니다. 함박꽃나무는 은근한 향기와 함께 단아하면서도 기품 있는 절제된 아름다움의 결정체라 할 수 있습니다. 일화로 북한의 김일성 주석이 생전에 이 나무를 얼마나 좋아했던지, '목란(木蘭)'이라고 부르며 국화로 삼고 화폐에 그려 넣기도 했습니다. 함박꽃나무는 잎이 난 뒤 꽃이 피는데, 안타깝게도 비교적 높은 산 계곡에서나 볼 수 있습니다.

멸종위기 2급 육상식물인 초령목은 목련과의 토종 상록교목으로 상록수 중 꽃이 가장 일찍 핍니다. 현재는 전남 흑산도와 제주도에서 명맥만 유지하고 있는 상태입니다.

▲ 함박꽃나무가 새겨진 북한의 지폐

목련 꽃은 북쪽을 향해서 핀다고 들었는데 어떤 이유에서인가요?

과학적으로 보자면, 겨울에 맺힌 목련 꽃봉오리의 경우 햇볕이 잘 닿는 남쪽 방향의 꽃잎이 튼실하기 때문에 북쪽의 꽃잎이 남쪽 꽃잎의 힘에 밀려 비스듬히 눕게 됩니다. 그래서 마치 목련 꽃이 북쪽을 향해 피어나는 것처럼 보이는데 이것을 보고 북향화(北向花)라 부르기도 합니다. 하지만 실제로 북쪽을 향해 피는 꽃은 아닙니다.

▲ 함박꽃나무

왕비의 황금 귀걸이인가?

히어리

히어리라는 이름이 사람들의 궁금증을 유발하는 것 같네요.

흔히 사람들은 매화와 산수유를 봄의 전령사라고 합니다. 틀린 말은 아니지만, 매화와 산수유가 속세의 봄을 알리는 나무, 꽃들이라면, 이른 봄 숲에서 피어나는 생강나무와 히어리가 진정한 봄의 전령사가 아닐까 생각합니다. 생강나무는 전국의 어느 산에서나 흔히 볼 수 있어 마주치더라도 '세월 참 빠르네'라고 혼잣말을 하며 지나치기 일쑤지만, 눈부신 햇살을 맞으며 봄바람에 살랑살랑 흔들리는 황금 귀걸이 형상의 노란 히어리 꽃은 깊은 인상을 줘 대번에 사람들의 마음을 사로잡습니다.

히어리는 어떤 나무인가요?

히어리는 조록나무과 히어리속에 딸린 한국 특산종입니다. 히어리속은 전 세계에 29종이 분포하고 있는데, 동아시아 특산으로 중국에 20종, 일본에 5종, 인도에 3종이 있으며, 우리나라에는 히어리 1종만 분포합니다. 히어리는 전라남도 조계산, 백운산, 팔영산, 지리산, 전라북도 지리산, 강원도 망덕봉, 경기도 광덕산, 백운산, 경상남도 지리산, 금산 등에 분포합니다.

히어리는 산지 하천가 주변의 약간 습한 곳에 분포하는 낙엽관목으로 키가 2~4m 정도까지 자랍니다. 꽃은 잎보다 먼저 피며 길이 3~4㎝의 총상꽃차례로 6~8개의 노란 꽃이 치렁치렁 달립니다.

▲ 히어리

히어리라는 특이한 이름을 가지게 된 유래가 있을까요?

처음에 히어리는 송광납판화라고 불렸습니다. 이것은 송광사 주변에서 발견된 히어리 꽃잎이 마치 밀랍을 먹인 듯하다 하여 붙여진 이름입니다. 히어리는 이름의 유래에 대한 설이 다양한데, '꽃잎이 얇아 빛을 투과하거나, 꽃잎에 빛이 반사되면서 하얗게 보인다'라고 해서 히어리라고 불렸다는 설과 한 해를 연다는 의미인 '해여리'에서 유래되었다는 설 등이 있습니다. 그리고 '오 리마다 오리나무를 심고 십 리마다 시무나무를 심고, 십오 리마다 이 나무를 심었다.' 해서 시오리(십오 리)가 히어리가 되었다는 설도 있습니다.

▲ 히어리

이름에 관한 설이 굉장히 많은데요. 어떤 설이 가장 설득력이 있을까요?

앞서 소개해드린 설들은 낭설이라고 생각합니다. 그중에서도 특히 이정표로 오리나무나 시무나무, 히어리를 심었다는 것은 근거와 논리가 부족합니다. 오리나무의 오리목(五里木)은 20세기에 들어 생긴 최근 표기이고, 히어리는 이정표로 심을 만큼 흔한 나무가 아닙니다.

히어리라는 이름은 이창복의 『한국수목도감』(1966년)에 처음 기재됐는데, 히어리라는 이 이름은 순천 지방에 전해 내려오는 방언이라고 합니다. 히어리 전문가인 임동옥에 따르면 히어리는 큰 산자락의 주 능선이나 남쪽 사면에 분포하지 않고, 골짜기를 따라 북쪽 사면에만 분포한다고 합니다. 이것이 마치 시오리 간격으로 출현하는 것처럼 보여 향명 '시오리'에서 이름이 유래되었다는 설이 가장 타당하다고 판단하고 있습니다.

히어리는 꽃 모양이 독특해서 더 눈길을 끄는 것 같네요.

그렇습니다. 히어리의 노란 꽃은 가지 끝에 총상꽃차례로 주렁주렁 매달려 있는데, 이것을 가까이에서 보면 마치 기품 있는 어느 귀부인의 귀걸이처럼 보입니다. 때마침 불어오는 봄바람에 히어리 꽃이 살랑거리면 마치 땡그랑 땡그랑 울리는 듣기 좋은 소리가 들리는 것 같습니다. 제 생각이지만 히어리 꽃은 보면 볼수록 황금 귀걸이를 닮았다고 밖에 표현할 수 없는 것 같습니다.

황금 귀걸이요? 재미있는 표현이네요.

저는 순천에서 히어리를 처음 봤는데, 히어리 꽃이 왠지 눈에 익숙했습니다. 집에 돌아와 한참을 생각하다 불현 듯 1971년 충청남도 공주시 무령왕릉에서 출토된 국보 제157호 무령왕비금귀걸이가 떠올랐습니다. 실제로 대조해보니 히어리 꽃과 어찌 그리 닮았던지, 깜짝 놀랐습니다. 자료를 찾을 수는 없었지만, 백제 영토 지역에 주로 분포하던 히어리 꽃을 보고 백제의 금세공 장인이 영감을 받지 않았을까 추측해봅니다.

▲ 히어리

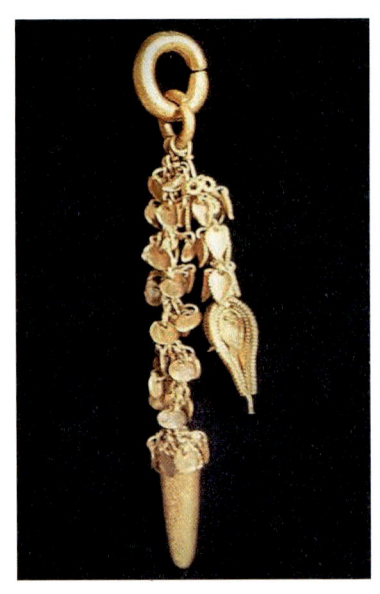

▲ 무령왕비금귀걸이

히어리는 꽃도 아름답고 희귀해서
정원수로 활용할 수도 있겠는데요?

히어리는 다른 나무보다 좀 더 이른 봄에 노랗고 소박하지만 화사한 꽃을 올망졸망 피웁니다. 잎맥은 뚜렷하게 드러나 경쾌한 느낌을 주며, 가을철에는 노랗게 물든 단풍이 아름답습니다. 실제로 히어리는 경관 가치가 높은 편이고 조경수, 정원수, 산울타리로 이용하기에도 적합해 인기가 높습니다. 또한 히어리는 내한성을 가지고 있어 일정한 강도의 저온 환경도 견딜 수 있으며, 양지식물이라 햇볕이 잘 들고 배수가 잘 되는 적윤지[5] 비탈면에서도 잘 자랍니다. 그렇기 때문에 전국 어디에서나 심고 가꿀 수 있어 봄을 장식하는 정원의 관상용 소재로 확장성이 아주 높습니다. 전망이 밝다는 얘기입니다. 히어리는 일본에서도 최고의 정원수로 각광 받고 있습니다. 나무껍질과 잎의 경우 약용으로 사용하기도 하는데, 『중국수목지』에 의하면 번잡함이나 혼미함을 치료하는데 효과가 있다고 합니다.

어딘가에서 우리나라의 히어리와 비슷하면서도
다른 모양을 가진 것을 본 적이 있는 것 같은데요.

우리나라의 히어리속은 1종뿐이지만, 국가표준식물목록을 보면 중국, 일본에서 들여온 재배식물 11종을 포함하여 총 12종이 기록

---

5 손으로 쥐었을 때 손바닥 전체에 습기가 묻고 물의 감촉이 뚜렷한 토양을 말한다.

되어 있습니다. 이것은 나무가 아름다워 수입까지 해서 심고 있다는 의미입니다. 중국은 히어리속을 납판화(蠟瓣花, *Corylopsis sinensis* Hemsl.)라고 부르고, 일본은 물가에 자라는 나무라 해서 물나무(ミズキ, 水木)라고 부르는데 가지를 자르면 물기가 많다고 합니다. 히어리는 2010년도에 멸종위기종을 벗어났지만 여전히 희귀한 식물입니다. 그러므로 보전에도 힘을 써야 합니다.

▲ 히어리 단풍

화려한 꽃비의 뒤안길

벗나무

4월은 가히 꽃의 계절이라고 할 수 있죠?

4월은 숲이 가장 아름다운 계절입니다. 막 잎을 펼친 연두색의 낙엽활엽수들과 진녹색의 소나무, 그 사이에 활짝 핀 벚꽃, 분홍색의 산복사나무 꽃은 한 폭의 파스텔화 같은 풍경을 만들어 냅니다. 그중에서도 벚꽃은 도시와 잘 어울리는 것 같습니다.

풍성하고 화려하게 핀 벚꽃 길을 걸어도 좋고, 벚꽃이 터널처럼 펼쳐진 도로를 운전할 때는 야릇한 기분이 들기도 합니다. 도시의 온갖 조명을 받은 밤 벚꽃은 환상적이고 로맨틱한 분위기를 연출하기도 합니다.

▲ 벚나무 길

전국적으로 벚꽃 축제가 한창인데요. 우리나라 사람들이 가장 좋아하는 꽃 중 하나가 벚꽃이 아닐까요?

한국갤럽 조사에 따르면, 우리 국민이 가장 좋아하는 나무는 소나무이고, 두 번째가 은행나무, 세 번째가 벚나무라고 합니다. 또한 전국적으로 가장 많이 심어진 가로수도 벚나무라고 합니다. 하지만 역사적으로 보면 우리나라 사람들이 벚꽃을 즐기기 시작한 지는 그리 오래되지 않았습니다. 선조들은 벚나무 껍질을 화피(樺皮)라 하여 활을 만들 때 필수 재료로 사용하였고, 팔만대장경의 경판 중 약 64%를 산벚나무로 제작했지만, 그 어떤 문헌에서도 벚꽃을 즐기고 감상했다는 흔적을 찾아볼 수 없습니다. 인가 부근에 벚나무를 식재하고 즐기는 풍습은 1906년 무렵 일본이 한반도에 진출한 시점부터 시작된 것입니다.

**벚꽃은 일본인이 가장 좋아하는 꽃이자,
일본의 국화라고 들었는데요.
벚꽃의 어떤 점이 일본 사람들의 마음을 사로잡은 걸까요?**

벚꽃은 일본어로 사쿠라(サクラ)라고 하는데, 우리가 알고 있는 것과는 다르게 일본에서 공식적으로 인정한 국화가 아닙니다. 오히려 일본 황실을 상징하는 꽃은 국화(菊花)입니다. 굳이 따지자면 일본 국화는 사쿠라가 아니리 국화(菊花)인 셈입니다. 그러나 옛날부터 벚꽃이 일본을 대표하는 꽃으로 여겨졌다는 것은 사실입니다. 일찍이 일본 신화에도 등장했고, 화려하게 피었다가 눈이 내리듯 순식간에 지는 벚꽃의 모습이 사무라이의 인생관에 비유되기도 하면서 일본인에게 가장 친숙한 꽃으로 뿌리내렸기 때문입니다. 또한 일본은 벚나무가 자라는데 있어 가장 적합한 환경적 요인을 갖고 있기도 합니다.

▲ 왕벚나무

매년 벚꽃 철이 되면 왕벚나무에 대해 논쟁이 벌어지고는 하는데, 왕벚나무에 대해 알려주시겠어요?

일반적으로 장미과 벚나무속에 딸린 나무들을 벚나무라고 부릅니다. 벚나무속 식물들은 북반구 온대 지역에 약 400종가량이 분포하고 있는데, 우리나라에는 벚나무, 왕벚나무, 산벚나무, 올벚나무, 개벚나무, 섬벚나무, 꽃벚나무 등의 10종이 자라고 있습니다. 이 벚나무들은 전문가도 구분하기 힘듭니다. 굳이 말씀드리자면 제주도 원산인 왕벚나무는 꽃이 잎보다 먼저 피고 꽃받침과 꽃자루, 암술대에 털이 있습니다. 벚나무 중 가장 아름답기 때문에 가장 많이 심어진

▼ 왕벚나무

벚나무이기도 합니다. 해남 두륜산에 위치한 자생지가 천연기념물로 지정되어 있습니다.

왕벚나무에 대해서는 한국과 일본뿐만 아니라, 학자들 사이에서도 논란이 있지 않나요?

왕벚나무의 기원에 대한 다툼과 왕벚나무의 종주국에 대한 한일 양국 간의 주장들이 그것입니다. 왕벚나무는 프랑스의 타케(Taquet) 신부가 제주도 식물을 조사하던 중, 1908년 한라산 북사면 관음사 계곡에서 채집하여 표본을 독일 베를린대학으로 보낸 것을 계기로 세상에 알려졌습니다. 이후 일본 왕벚나무인 쇼메이요시노가 제주도에서 유래했다는 설이 주된 논쟁거리였습니다.

▼ 버찌

벚나무에 대한 국민적인 저항감과 관련된 이야기도 있다고요?

사실 일본인에게 고통을 받았던 한국인의 정서에는 벚나무는 일본의 꽃이라는 부정적인 감정이 자리 잡고 있습니다. 일본 왕벚나무를 쇼메이요시노(ソメイヨシノ)라고 부르는데, 해방 후 일제를 연상시킨다고 하여 그 저항감에 전국 각지에 있는 쇼메이요시노 종들을 베어내기도 했습니다. 이후 박정희 군사정권이 진해에 있는 벚나무를 이용하여 축제를 시도하자 국민적 저항감이 거세게 일어나기도 했습니다.

그럼 어떻게 진해군항제가 열릴 수 있게 된 건가요?

그즈음 고려대학교 식물학과 박만규 교수가 "왕벚나무는 제주도 한라산에서 출생하여 일본으로 건너가 그들에게 총애를 받았고 미국까지 시집을 가서 귀염을 받고 있다"라는 주장을 펼칩니다. 이러한 주장은 쇼메이요시노에 대한 거부감을 없애는 중요한 논거로 이용되었고, 결국 1964년 진해군항제가 공식적으로 허용되었습니다. 아이러니하게도 일제 쇼메이요시노가 굽어보는 진풍경 속에 충무공을 기리는 군항제가 매년 열리게 된 것입니다.

우리나라의 왕벚나무와 일본의 쇼메이요시노는 서로 다른 나무인가요?

결론부터 말하자면, '제주의 왕벚나무는 한국 것이고 일본의 쇼메이요시노는 일본 것'입니다. 왕벚나무는 자생이 가능하고 씨앗을 이용해 스스로 번식하지만, 일본 쇼메이요시노는 벚나무와 잔털벚나무 등의 대목에 기존의 쇼메이요시노 가지를 접목하는 인위적인 방식으로 육종합니다. 이것은 씨앗 번식이나 삽목에 의한 번식이 불가능하기 때문에 그렇습니다.

2014년 김승철 성균관대 생명과학과 교수팀은 "왕벚나무는 올벚나무를 모계로, 벚나무 또는 산벚나무를 부계로 자연적으로 형성된 잡종이다"라고 밝혔습니다. 2018년 명지대·가천대 연구자가 참여한 왕벚나무 전체 유전체(게놈) 해독 연구 결과에서도 "제주 왕벚나무와 일본 왕벚나무는 뚜렷하게 구별되는 서로 다른 식물"이라는 결론이 났다고 합니다.

쇼메이요시노는 왕벚나무와 달리 단명하는 나무로, 수명이 길어야 칠십에서 팔십 년에 불과하다고 합니다. 이에 비해 천연기념물로 지정된 제주 봉개동의 왕벚나무는 그 수령이 약 이백오십 년으로 추정된다고 합니다.

나그네의 발길을 붙잡는
향기가 좋은 나무

일교차는 크지만 가을 향기가 나는 요즘이네요.

요즘 출퇴근길에 목서 향기가 동네에 가득합니다. 처음 목서 향기를 맡은 사람은 자신도 모르는 사이에 향기에 이끌려 나무 앞에 서게 되기도 합니다. 좋은 향기는 사람의 발길도 멈추게 하는 것 같습니다. 목서 꽃이 피면 첫서리가 온다는 말이 있습니다. 새삼 세월이 참 빠르다는 생각이 듭니다. 이번에는 향기가 나는 나무에 대해서 알아보겠습니다.

**보통 나무마다 고유의 냄새가 있다는데,
이건 좋은 향기를 말하는 거겠죠?**

거의 대부분의 식물은 자신만의 독특한 냄새를 가지고 있습니다.

향기라 함은 일반적으로 맡기 좋은 냄새를 말하는데 향기가 나는 나무는 주로 물푸레나뭇과, 팥꽃나뭇과, 운향과, 꿀풀과에 속한 식물들입니다. 향기가 나는 나무를 세 가지로 구분해 보면, 먼저 꽃에서 향기가 나는 나무로 금목서, 서향, 치자나무 등 3대 방향수를 비롯한 개회나무류, 라일락, 은목서, 초령목, 멀구슬나무, 매실나무, 찔레꽃, 분꽃나무, 마삭줄 등이 있습니다. 잎과 줄기에서 향기가 나는 나무는 비자나무, 편백, 소나무류, 녹나무, 생달나무, 황칠나무, 붓순나무, 생강나무, 월계수를 꼽을 수 있습니다. 그런가 하면 종자나 열매에서 향이 나는 나무도 있는데 잣나무와 모과나무, 운향과의 초피나무, 산초나무, 머귀나무 등을 예로 들 수 있습니다.

▲ 금목서

앞서 말씀하신 3대 방향수가 뭔가요?

3대 방향수(芳香樹)란 향기가 좋은 대표적인 나무 즉, 금목서, 서향, 치자나무를 말합니다. 요즘 목서 꽃이 피고 있습니다. 통상적으로 목서 중에 꽃이 하얗게 피는 것을 은목서, 원산지 중국에서 단계(丹桂)라고 부르며 등황색의 꽃을 피우는 것을 금목서라고 부르는데, 은목서의 향기는 은은한 편이지만 금목서의 향기는 매우 진해 유명한 향수 브랜드인 샤넬(CHANEL) N°5[6]를 만드는데 쓰입니다. 목서(木犀)는 중국 원산으로 따뜻한 남부지방에 정원수로 심는데, 코뿔소의 피부색을 닮았다고 해 무소 서(犀) 자를 써서 목서라고 부릅니다.

우리나라에도 금목서, 은목서 못지않게 진하고 좋은 향기를 가진

---

[6] 프랑스 디자이너인 故 코코 샤넬(Gabrielle Chanel)이 만든 대표적인 향수로, 디자이너의 이름이 붙은 최초의 향수이다.

▼ 털개회나무

박달목서가 가거도와 거문도 등에서 귀하게 자라고 있습니다. 서향은 봄에 피는 중국 원산의 키 작은 나무로 흔히 천리향이라 부르는데, 우리나라에서는 백서향이 자랍니다. 치자나무는 노란 염료로 잘 알려져 있는데 향기도 좋고 여름에 피는 꽃도 아름답습니다.

물푸레나뭇과 중 향기가 좋은 나무는 어떤 것들이 있나요?

조금 전에 말씀드린 금목서와 은목서 외에도 물푸레나뭇과 집안에는 향기가 좋은 나무들이 많습니다. 향기의 대명사라 할 수 있는 라일락과 토종 라일락 수수꽃다리, 개회나무, 꽃개회나무, 털개회나무 등이 있습니다.

1948년 엘윈 M. 미더(Elwin M. Meader)라는 미국 버몬트대학의 식

▼ 박달목서

▲ 상산

물학교수가 북한산에서 털개회나무 씨앗을 미국으로 가져가 원예종으로 개량했습니다. '미스김라일락'이라고 명명한 이 나무는 미국 시장의 3분의 1을 점유하는 인기종이 되었다고 합니다. 한국에서만 자라는 멸종위기 2급 식물인 미선나무도 은은하고 매혹적인 향이 납니다. 그렇지만 위에 말씀드린 나무들은 높은 산이나 외지에 가야 만날 수 있기 때문에 마을 주변에서 흔히 볼 수 있는 것을 말하자면 약간 비릿하면서도 향이 좋은 광나무와 쥐똥나무가 있습니다.

팥꽃나뭇과와 운향과 나무들도 소개해주세요.

팥꽃나뭇과 중 향기가 좋은 나무는 서향, 백서향, 삼지닥나무가

▲ 초피나무

있습니다. 향이 진한 서향과 달리 백서향과 삼지닥나무의 향은 어릴 적 옆집 누이 분 냄새 같은 은은한 향이 납니다. '운향(芸香)과'는 이름에서 볼 수 있듯이 향이 강하게 난다는 의미를 가지고 있습니다.

우리가 잘 알고 있는 유자나무, 탱자나무가 바로 운향과 식물이며 같은 집안에 속하는 상산, 산초나무, 초피나무, 머귀나무는 식물 전체에서도 아주 강한 향기를 가지고 있는데 처음 맡을 때는 다소 역겹기도 하지만 맡을수록 향기에 빠져드는 중독 현상 같은 것이 생깁니다. 이 중에 초피나무 열매는 향신료로 사용됩니다. 옛날 궁궐에서는 여자들이 기거하는 방을 '초방(椒房)'[7]이라고 했는데 이는 악취

---

[7] 산초나무 열매의 가루를 바른 방이라는 뜻으로, 왕비나 후비가 거처하는 방이나 궁전 따위를 이르는 말이다.

를 제거할 목적으로 초피나무 열매 가루를 벽에 바른 것에서 유래한 것입니다.

그렇다면 향기를 맡고 싶지 않은 나무도 있을까요?

사스레피나무 꽃은 생선이 썩는 듯한 강한 암모니아 냄새가 납니다. 요즘 높은 산에서 피는 금마타리의 꽃 냄새는 등산로 주변에 누군가 실례를 하지 않았나 하는 착각이 들 정도로 악취를 풍깁니다. 돈나무도 뿌리껍질을 벗길 때 심한 악취가 나서 귀신을 물리치는데 사용했다고 합니다. 소태나무, 가죽나무, 누리장나무도 결코 맡고

▼ 가죽나무

싶지 않은 냄새를 풍깁니다.

아프리카에서 자라는 '세라토카리움(Ceratocaryum)'은 동물 배설물과 유사한 악취가 나는 열매로 포식자인 설치류를 물리치고 소똥구리를 속여 씨앗을 퍼뜨리는 일석이조의 효과를 발휘한다고 합니다. 냄새의 왕은 시체꽃이라 불리는 '타이탄 아룸(Titan arum)[8]입니다. 인도네시아 수마트라 섬에서 자라는 이 식물의 악취는 관광객들이 기절할 뻔했다고 말할 정도입니다.

---

8 학명은 *Amorphophallus titanum*. 인도네시아 수마트라섬의 고유종으로 천남성과의 여러해살이풀이다. 적도 부근의 열대우림에 자생하며 세계 각지의 식물원 등지에서 재배된다. 거대한 꽃대를 올리는 것으로 유명하며 그 생김새가 독특하고 꽃에서 동물 썩는 듯한 심한 악취를 풍긴다.

▼ 누리장나무

식물이 에너지를 소비해가면서 굳이 향기를 내뿜는 이유가 무엇일까요?

지금까지의 연구 결과를 종합해보면 식물이 향기를 내는 이유는 첫 번째로 살균작용 때문입니다. 피톤치드가 좋은 사례라고 할 수 있습니다. 두 번째는 영역 싸움입니다. 식물은 타감물질(他減物質)[9]을 통해 치열한 영역 싸움을 벌입니다. 소나무 뿌리에서 나오는 '갈로탄닌(gallotannin)'[10]이라는 타감물질이 그렇습니다. 세 번째는 자기보호입니다. 자신을 갉아먹는 천적을 향기로 물리치는 역할을 합니다. 솔잎은 테르펜(terpene)[11], 배춧잎은 세키테르펜(sequiterpene)[12]을 분비하고, 가시주엽나무는 고약한 냄새가 나는 에틸렌 가스를 분비해 기린이 쫓아버립니다. 마지막으로 식물은 향기를 이용해 곤충을 유인하고 번식의 목적을 달성하게 됩니다. 어느 식물도 사람을 위해 향기를 내지는 않습니다.

---

9 식물이나 미생물이 자신을 방어하거나 주변의 생물을 공격하고자 분비하는 화학물질. 식물의 경우 다른 식물의 생장과 발달을 저해한다.

10 주로 참나무 따위에서 발견되는 탄닌으로 포도당과 디갈산의 글리코시드로 되어 있다.

11 식물 정유에 들어 있는 유기 화합물 가운데 탄소 수가 5의 배수로써, 아이소프렌이 연결되어 생긴 구조의 탄화수소. 또는 그 유도체를 통틀어 이르는 말이다.

12 반 화학물질로 방어제 또는 페로몬으로써 식물 정유에 함유되는 테르펜 중 탄소 15원자로 구성되는 사슬식 또는 고리식의 탄화수소 및 그 유도체를 말한다.

▲ 라일락

3장

숲과 친해지다

보기만 해도 두려운
가시로 무장한 식물들

전에 가시가 없는 가시나무에 대해 알려주신 적이 있는데요. 가시가 있는 나무는 어떤 나무가 있을까요?

저번에는 가시가 없지만 가시나무라고 불리는 참나뭇과 상록활엽수 가시나무류인 가시나무, 참가시나무, 붉가시나무 등에 대해 알아왔습니다. 이번에는 실제로 가시가 나있는 가시나무와 풀에 대해 알아보도록 하겠습니다.

가시가 나있는 나무는 어떤 종류가 있을까요?

가시나무라고 하면 먼저 중국 원산의 조각자나무와 우리나라에서 드물게 자라는 주엽나무가 떠오릅니다. 가시가 얼마나 크고 억센지 보기만 해도 두려움이 느껴질 정도입니다. 옛날에 5리 간격으로 심었다는 오리나무와 함께 이정표로 심어 '20리목(二十里木)'이라고도 불리는 느릅나뭇과의 시무나무, 산유자나무의 가시도 만만치 않습니다. 가시가 달린 나무 중에는 무섭게 생긴 동물의 발톱에 비유해 이름을 지은 나무들이 있습니다. 호자나무에는 호랑이 발톱처럼 무서운 가시가 있다는 의미가 담겨져 있고, 매자나무에는 매의 억센 발톱과 같은 무서운 가시가 있다는 의미가 담겨져 있습니다. 이 나무들의 이름에는 찌를 자(刺)를 써서 '찔리는 가시'라는 뜻이 담겨있습니다. 한방에서는 가시오갈피 잎을 자오가엽(刺五加葉)이라 부르기도 합니다.

▲ 주엽나무

▲ 호자나무

이름에는 가시가 들어가지 않지만
가시가 달린 나무도 많이 있지 않나요?

그렇습니다. 잘 찔린다는 찔레나무, 매의 발톱처럼 가시가 억세다는 매발톱나무, 가시가 엄해서 귀신도 물리친다는 엄나무(음나무)가 그런 경우입니다. 고려시대 몽고족의 침입을 막기 위해 강화도 성 주변에 많이 심었다는 탱자나무[1]와 굽은 가시에 실이 걸린다는 실거리나무도 이름에 가시라는 말은 없습니다. '장미는 가시가 있기 때문에 아름답다'라는 말을 들어보셨습니까? 유명한 시인인 릴케는 여

---

1 강화도는 고려 고종이 몽고의 침공을 피하여 천도한 곳으로, 조선시대 인조도 정묘호란 때 가족과 함께 난을 피한 장소이다. 그 뒤 이를 계기로 성을 튼튼히 하고자 성 밖에는 탱자나무를 울타리로 심어 적병이 쉽사리 침범하지 못하도록 하였다고 한다.

자 친구에게 줄 장미꽃을 꺾다가 가시에 찔린 것이 원인이 되어 패혈증으로 죽었다는 설이 있습니다.

요즘 호랑가시나무의 매혹적인 열매도 간간이 보이던데, 왠지 낯설지가 않은데요?

서양에서는 호랑가시나무를 크리스마스 나무라고 부르는데 크리스마스카드에 그려진 뾰족한 잎사귀와 구슬처럼 맺힌 빨간 열매를 가진 나무가 바로 이 호랑가시나무입니다. 서양에서는 꽃기린, 갯대추와 함께 호랑가시나무를 '그리스도의 가시'(Christ's thorn)라고 부르며, 중국에서는 성탄수(圣诞树)라고 부릅니다. 동서양 모두 호랑가시

▼ 실거리나무

나무를 액운을 쫓아내는 신성한 기운을 가진 나무라고 여기고 있습니다.

옛날 우리나라 남쪽 지방에는 호랑가시나무 가지를 꺾어 정어리 머리를 꿴 뒤 처마 끝에 매달아 두는 습속이 있었는데, 이는 귀신이 잘못 들어오면 정어리처럼 눈을 꿰어 버린다는 경고의 의미를 가진 상징이었다고 합니다. 전라북도 일부 지방에서는 '호랑이등긁개나무[2]'라 부르기도 합니다.

그렇다면 가시가 난 풀에는 어떤 게 있을까요?

가시로 나라를 구한 풀, 엉겅퀴를 소개해드리겠습니다. 옛날, 스코틀랜드를 침략한 덴마크 군대는 승리까지 겨우 하나의 성만을 남겨두고 있었습니다. 덴마크 군대는 전쟁에서 승리하기 위해 야습을 하기로 결정했고, 깜깜한 밤에 병사들의 신발을 벗겨 발소리를 숨기고 조심스럽게 진격을 했습니다. 하지만 성 가까운 곳에는 날카로운 가시를 가진 엉겅퀴가 무성하게 나있었고, 그 가시를 밟은 덴마크 군대는 결국 패배를 하게 됐습니다. 그리고 나라를 구한 이 풀은 스코틀랜드 국화가 되었습니다. 다만 여기에 등장하는 엉겅퀴는 우리

---

2   호랑가시나무가 분포하는 북방한계선은 전북 변산면 도청리인데, 이곳의 군락지는 1962년 천연기념물 제122호로 지정되어 보호하고 있다. 변산에서는 호랑가시나무를 "호랑이등긁개나무"라고 부른다.

▲ 밀크씨슬

나라에서 자라는 엉겅퀴와는 다른 종류로, 간장약으로 유명한 밀크씨슬(Milk thistle)[3]입니다.

나무나 풀은 어떤 목적을 가지고 가시를 만들까요?

가시는 초식동물로부터 자기를 보호하기 위한 방어 수단입니다. 어린 나뭇잎은 초식동물이 아주 좋아하는 먹이이기 때문에 대부분의 가시나무가 어릴 적에는 가시로 무장해서 포식자를 물리칩니다.

---

[3] 남아메리카, 유럽, 아프리카 원산의 국화과 2년 초. 잎은 타원형이며 잘게 찢어진 긴 가시가 있고 잎맥에 연한 은 흰색 점이 있다. 국명은 흰무늬엉겅퀴이며 학명은 *Silybum marianum*이다.

그리고 키가 자라 위협이 없어지면 가시를 떨어뜨리고 매끈한 몸이 됩니다. 한 예로 이란주엽나무는 낙타가 다가서지 못하도록 가시를 돋아내지만 낙타의 키 높이 이상에서는 가시를 찾아볼 수 없다고 합니다. 그렇기 때문에 과학자들은 초식동물이 사라지면 아카시아도 가시를 버릴 것이라고 예측하기도 합니다.

   울릉도 특산식물인 섬나무딸기는 처음에 육지의 산딸기가 울릉도에 옮겨져 진화한 것으로 추측하는데, 이 식물은 포식자가 없는 환경에서 자라 가시를 버리고 잎과 꽃의 크기를 키웠다고 합니다. 이 섬나무딸기를 고라니가 있는 육지로 다시 옮겨 심었더니 흥미롭게도 몇 년 지나지 않아 가시가 생겼다고 합니다. 그와 반대로 가시덤

▼ 탱자나무

불은 작은 새들의 안전한 보금자리가 되기도 합니다.

가시도 여러 가지 종류가 있다고 들었는데 어떻게 구분할 수 있을까요?

식물체 가시의 종류는 잎, 줄기, 털, 톱니가 변해서 된 것으로 각각 나눌 수 있습니다. 내개 가시만 똑 떨어지는 것은 잎이 변한 것이고, 가시가 나무의 껍질과 함께 떨어지는 것은 줄기가 변한 것이라고 볼 수 있습니다. 며느리배꼽이나 며느리밑씻개의 경우에는 털이 변해서 잔가시가 만들어졌는데 이런 가시는 자기방어보다는 잔가시로 줄기를 지지하는 기능이 더 큽니다. 탱자나무는 잎이 변해서, 아까시나무는 턱잎이 변해서, 엉겅퀴는 잎의 톱니가 변해서 가시가 된 경우입니다.

여름만 되면 가시박을 퇴치해야 한다는 말이 자주 나오던데 가시박이 뭔가요?

환경부 생태계교란야생동식물[4]에는 공교롭게도 가시라는 이름을 가진 두 가지 풀이 있습니다. 가시박과 가시상추가 여기에 해당합니다. 가시박은 원래 오이나 호박 접붙이기를 위한 대목용으로 북미

---

4 '야생 생물 보호 및 관리에 관한 법률'에 따라, 환경부령으로 정하는 야생 동식물을 말한다.

지역에서 도입했는데 생명력과 번식력이 강해서 천덕꾸러기 신세가 되었습니다. 열매에는 날카롭고 가느다란 가시가 촘촘히 붙어있어 사람과 가축의 피부염을 유발한다고 합니다. 유럽에서 들어온 것으로 보는 가시상추는 수입 농산물에 섞여 들어온 것으로 보이는데 잎에 작은 가시가 줄지어 나있습니다. 가시상추는 발아 속도가 빠르고 제초제에 내성이 강해 농작물 재배지에 심각한 피해를 주니 모조리 다 뽑아서 없애야 한다고 합니다. 식물이 무슨 죄가 있을까요? 문득 사람이야말로 생태계를 교란하는 유일한 종이 아닐까 하는 생각이 듭니다.

적을 물리치기 위한 전략
식물독 이야기

독을 품은 식물에 대해 이야기 해주신다고요?

움직일 수 없는 식물은 자신을 적으로부터 방어하기 위한으로 수단으로 독성물질을 만들어 냅니다. 식물체의 독은 인간의 생명과 건강을 위협하는 물질이 되기도 하는데, 이번에는 독을 품은 식물과 그것들을 생활에 활용한 선조들의 지혜에 대해 알아보도록 하겠습니다.

먼저 독을 가진 식물에 대해 알아볼까요.

우선 생활권 주변에 있는 독을 가진 식물들에 대해 알아보겠습니다. 공원이나 아파트 화단에 심어진 협죽도는 올레안드린(Oleandrin)이라는 독성물질을 가진 맹독성 나무입니다. 협죽도는 인도와 유럽

동부 원산으로 꽃은 복숭아를 닮고 잎은 버드나무를 닮았다 해서 유도화(柳桃花)라고도 부릅니다. 한동안 귀가 닳도록 보도를 해서 잘 알고 계실 것 같습니다만, 청산가리보다 6천 배가 넘는 독성을 가졌다는 것은 상당히 과장된 면이 있습니다. 그러나 아주 미량이더라도 치사율이 높기 때문에 독화살이나 사약으로 사용할 만큼 독성이 강한 것은 사실입니다. 생활권 주변에 많이 심어진 만큼, 특히 어린이들이 만지거나 갖고 놀지 않도록 평소에 교육을 할 필요가 있습니다. 대부분의 협죽도과 식물은 독성물질을 가지고 있습니다.

▼ 협죽도

무심코 숲을 거닐다보면 피부염이 생기기도 하는데요. 피부염을 일으키는 독성 식물은 어떤 것이 있을까요?

사실 독이 없는 식물은 없다고 해도 과언이 아닙니다. 그렇다고 모든 식물의 독성을 조사할 수도 없는 노릇입니다. 그렇기 때문에 숲에 가실 때는 되도록 피부를 노출시키지 않는 복장을 하는 것이 상책입니다.

가장 흔한 것이 옻나무입니다. 정확히 말하면 개옻나무라고 하는데, 심한 염증을 일으키는 우루시올(urushiol)이라는 독성물질을 가지고 있습니다. 옻나무에 직접 접촉하거나 연기, 냄새 심지어는 애완동물을 통한 접촉도 개인에 따라 심한 알레르기 피부염을 일으킬 수 있습니다. 붉나무에서도 옻이 난다고 하니 예민하신 분은 주의해야 하겠습니다.

▼ 개옻나무

숲과 친해지다 / 149

집안에서 많이 가꾸는 잉글리시 아이비(*Hedera helix*)의 가지를 자르면 진액이 나오는데 민감한 사람은 이것에 닿으면 발진 현상이 일어납니다. 이 밖에도 쐐기풀류는 잎과 줄기의 가시털에 포름산(formic acid)이 들어있어 만지거나 스치면 강한 통증을 유발하며, 꽃가루 알레르기를 유발하는 환삼덩굴, 돼지풀, 단풍잎돼지풀[5] 등에 대한 식물에 대해서도 주의가 필요합니다.

봄이 되면 독초를 나물로 오인해 중독 사고가 나고는 하는데요.

그렇습니다. 박새를 산마늘로 착각하거나, 동의나물을 곰취로, 털머위를 머위로, 삿갓나물을 우산나물로 잘못 알고 생긴 중독 사고가 꽤 많다고 합니다. 이 밖에도 개발나물과 미치광이풀로 인한 사고도 흔하다고 합니다. 식물의 이름에 붙은 '나물'은 일종의 함정일 수도 있습니다. 먹지 못하는 독초일지라도 '나물'이라는 어미를 버젓이 달고 있는 경우가 더러 있습니다. 사실 설명을 해드린다고 해도 일반인은 구분하기 어렵습니다. 그래서 저는 버섯과 나물은 꼭 시장에서 사드시라고 권합니다.

---

[5] 생태계 교란 우려가 있는 식물로, 1999년 생태계교란야생동식물로 지정되었다.

우리가 독초라고 알고 있는 식물도
나물로 먹는 경우가 있던데, 괜찮나요?

대개 독초라고 하더라도 어린 경우에는 독성이 약하기 때문에 나물로 먹는 경우가 있습니다. 옻나무 순은 물론이고 천남성도 어린 순 같은 경우에는 나물로 먹는다고 합니다. 독초로 알려진 자리공과의 미국자리공도 미국에서는 시골 사람들이 좋아하는 신선한 채소의 하나입니다. 이것은 남유럽과 북아프리카에서도 인기를 끄는 식물로, 포크 샐러드(Poke Salad)라는 이름으로 부릅니다. 우리가 즐겨 먹는 고사리도 독성이 강한데, 고사리를 먹은 소가 일어서지 못할 정도의 독성을 가지고 있습니다. 그러니 고사리나 원추리는 충분히 삶아서 독성을 제거한 후 사용해야겠습니다. 흔히 독과 약은 백지장 한 장 차이라고 하는데 그 말처럼 많은 독초들이 약으로 쓰입니다.

▲ 삿갓나물(독초)

▲ 우산나물

버섯을 잘못 먹고 중독 사고가 나는 경우도 빈번하다고 하던데요.

우리나라에는 약 1,700종의 버섯이 있는데 이 중에 식용버섯은 320여 종에 불과하다고 합니다. 맹독성인 독버섯에는 화경버섯, 알광대버섯, 광대버섯, 외대버섯, 미치광이버섯, 깔때기버섯 등이 있습니다. 정보가 넘쳐나는 시대이니만큼 인터넷 등에서도 '독버섯 판별법' 같은 게시물을 간혹 볼 수 있는데, 귀중한 생명을 담보로 생체실험을 하지 마시고 버섯만큼은 꼭 시장에서 사서 드실 것을 권합니다.

독초 이야기를 듣다 보니까 갑자기 옛날 사약의 재료가 궁금해지는데요.

기록을 보면 생금(生金)과 생청(生淸), 초오(草烏) 등이 사약 재료로 사용됐다고 하는데, '생금'이란 정련하지 않은 황금을 말하고, '생청'은 막 따낸 꿀, '초오'는 미나리아재빗과인 투구꽃에 달린 마늘같이 작은 알뿌리를 말합니다. 투구꽃, 놋젓가락나물, 진범, 바꽃류[6], 천남성 등도 사람을 죽일 수 있는 맹독성 식물입니다.

---

6   미나리아재빗과 투구꽃속의 맹독성 식물이다. 민바꽃, 풀바꽃, 이삭바꽃, 키다리바꽃, 지리바꽃, 줄바꽃, 선줄바꽃이 있다.

▲ 천남성
◀ 미치광이버섯
▼ 투구꽃

숲과 친해지다 / 153

이런 식물의 독성을 잘 이용한 선조들의 지혜도 찾아볼 수 있다면서요?

물론입니다. 선조들은 때죽나무 열매, 여뀌 잎, 초피나무 껍질 등을 이용해 물고기를 잡았습니다. 우리가 꽃무릇이라고 부르는 석산도 독성이 강한데, 탱화 같은 것을 그릴 때 사용하기도 했습니다. 이 식물의 비늘줄기를 이용해 전분을 만들면 리코닌(lycorine)이라는 성분이 나오는데 접착제로 사용하면 항균력이 뛰어나 변색되거나 벌레가 먹지 않고 쉽게 상하지 않는다고 합니다. 민물고기를 요리할 때는 산초나무 열매를 자주 사용했는데 이는 산초나무 열매가 민물고기에 기생하는 디스토마(distoma)균을 살균하기 때문이라고 합니

▲ 산초나무

다. 약국에서 판매하는 디스토마 예방약의 주원료가 바로 산초나무 열매라고 합니다. 그런가 하면 살충제가 없었던 옛날에는 멀구슬나무 잎과 오동나무 잎, 그리고 할미꽃 뿌리를 이용해 재래식 화장실의 구더기를 제거하는 목적으로 사용하기도 했습니다. 마지막으로 된장 항아리에 된장풀을 넣어 벌레가 꼬이는 것을 막았다고 합니다.

▲ 할미꽃

도망갈 수 없으면 막아야 한다

식물의 생존 전략

이번 주제는 '해충을 물리치는 식물'이라고 들었는데 어떤 이야기인가요?

어떻게 보면 동물의 삶은 식물에 비해 쉬운 편입니다. 동물은 포식자가 배회하고 있을 때 숨거나 도망칠 수 있지만 움직이지 못하는 식물은 그렇게 할 수 없습니다. 그렇기 때문에 식물은 곤충과 초식동물, 세균과 병균 같은 적들을 물리치기 위하여 물리전과 화학전, 위장술, 그리고 곤충 지원군 등의 다양한 방어 메커니즘을 전개하기 위한 진화를 해왔습니다.

▲ 열점박이잎벌레

식물은 적을 물리치기 위한 다양한 전략을 구사할 수 있다는 거군요. 물리적인 대응은 어떻게 하나요?

식물은 병원체와 작은 박테리아가 내부에 들어가지 못하도록 막는 단단한 세포벽을 가지고 있습니다. 또한 잎의 바깥쪽에 왁스 같은 큐티클층(cuticle layer)[7]을 가지고 있어 곤충을 미끄러지게 하거나 뚫을 수 없는 장벽이 되어 초식동물로부터 보호하기도 합니다. 이외에도 단단하고 날카로운 가시로 무장하거나 바늘 같은 털을 만들어

---

7 생물체의 세포의 외벽에 왁스와 지질 유도체 중합체인 각피소가 퇴적하여 형성한 막 모양의 층. 이 층은 생물체를 기계적으로 보호할 뿐만 아니라 내부로부터 수분이 발산하는 것을 막고 외부로부터 물질이 침투하는 것을 조절한다.

적에게 신체적 손상이나 발진, 알레르기 반응 등을 일으킴으로써 동물을 억제합니다. 잔털은 애벌레의 접근과 산란을 방해합니다.

식물의 특정한 물질이 풀이나 나뭇잎의 맛을 떨어뜨린다는 이야기를 들은 적 있는데요.

참나뭇과 등의 나뭇잎에는 타닌(tannin)이 포함되어 이를 많이 먹은 곤충은 소화불량과 설사를 일으킵니다. 너도밤나무는 유충이 발생해 나뭇잎을 많이 먹히면 이듬해에는 대항책으로 타닌의 함량을 증가시킨다고 합니다. 이것은 의사가 없는 곤충들에게 심각한 문제가 됩니다. 리그닌(lignin)은 목재의 주요 구성 요소인데 목질화된 세포벽은 병원균의 침투를 어렵게 만들고, 작은 곤충이 씹기 어렵게 만듭니다. 십자화과 식물은 '겨자 오일 배당체'[8]라는 독성물질을 가지고 있어 이를 먹은 곤충은 내분비 교란을 일으키고 기초대사가 떨어집니다.

이번에는 식물들의 화학전에 대해 알려주세요.

식물이 화학물질을 발산하여 적을 물리치는 것은 일반적인 수단입

---

8 S-배당체라고도 한다. 흑겨자(Black mustard) 씨앗과 고추냉이 뿌리에 포함된 시니그린(sinigrin)과 겨자의 시날빈(sinalbin)이 잘 알려져 있다.

니다. 식물의 여러 가지 화학물질은 곤충에게 신경독으로 작용하는데 유충 발육을 방해하며 곤충의 사망률을 증가시킵니다. 또한 곰팡이와 세균 공격으로부터 자신을 보호하기도 합니다. 식물은 초식동물들이 씹어 먹는 나뭇잎 소리도 들을 수 있다고 합니다. 만약 나뭇잎이 먹히면 인근의 같은 종에게 경고하는 화학물질을 방출하는데 주변 식물들은 방어 화학물질의 생산을 증가시킵니다. 쐐기풀과 같은 일부 식물에는 독을 주입하는 가시가 있는데 일부 열대 쐐기풀의 경우 영구적인 신경 손상이나 사망까지 유발할 수 있다고 합니다.

식물이 활용하는 위장 전술에는 어떤 것이 있을까요?

두 가지 방법을 알고 있는데요. 첫째로 일부 식물의 경우 곤충의 알을 모방하여 만듦으로써 곤충이 알을 낳지 못하도록 합니다. 암컷 나비는 알이 있는 잎에 산란을 하지 않는 습성이 있다고 합니다.

▲ Heliconius erato

시계초속(Passiflora)의 열대성 포도나무 중 일부 종은 헬리코니우스(Heliconius)라는 나비의 노란색 알을 모방하여 나비의 산란을 방해한다고 합니다. 미모사 같은 나무는 초식동물이 건드리면 죽은 것처럼 보이도록 나뭇잎을 닫아 식욕이 떨어지게 만든다고 합니다.

식물이 동원하는 지원군은 뭔가요?

양배추는 벌레에게 공격을 받으면 꿀벌이 좋아하는 향기를 발산하여 말벌에게 도움을 청한다고 합니다. 이 향기를 맡은 배추벌레의 천적 말벌은 양배추에 유인되어 애벌레의 몸에 자신의 알을 낳고, 벌레는 곧 죽습니다. 이렇게 지원군을 불러 자신을 지키는 양배추와

▼ 바첼리아 콜린시

▲ 담쟁이덩굴

 비슷하게 아카시아 나무 중 일부는 개미와 동맹관계를 맺었습니다.

 중앙아메리카 남부에 있는 바첼리아 콜린시(*Vachellia collinsii*)라는 나무는 그들의 적을 쫓아내는 대가로 자신의 속이 빈 가시에 개미 호텔 서비스를 제공합니다. 개미는 다른 곤충의 공격으로부터 나무를 보호하는데 일부 개미종의 경우 나무를 에워싸는 땅의 식물을 베어내고, 다른 식물의 침식하는 가지를 잘라내어 나무가 번성하도록 합니다. 그 대신 이 나무는 개미들에게 숙소를 제공하고 지질과 단백질이 풍부한 음식물을 제공하며 잎자루에 설탕이 풍부한 과즙을 간식으로 제공한다고 합니다.

가을에 붉게 물든 단풍에도 해충을 퇴치하는 전략이 담겨있다면서요?

맞습니다. 연구 결과 단풍은 단순히 나무의 월동 준비인 것이 아니라 해충으로부터 자신을 보호하기 위한 진화의 산물이라고 합니다. 얼마 전 가을을 형형색색으로 물들이는 단풍 중 빨간색 단풍은 식물이 해충과 싸우느라 진화한 결과라는 것이 외국의 학술지 『New Phytologist』에 발표되어 한동안 화제가 된 적이 있었습니다. 나무가 '안토시아닌(anthocyanin)'을 일부러 만드는 이유는 강렬한 빨간색으로 치장해 노란 나뭇잎을 목표로 공격하는 해충으로부터 자신을 보호하기 위함이었다는 것이 과학자들의 주장입니다.

마지막으로 식물의 이런 생존 전략을 어떻게 타산지석으로 삼을 수 있을까요?

운향과인 초피나무를 집안의 울타리에 심으면 모기가 들지 않습니다. 국화과에 속하는 삽주 뿌리를 모기향 대신 태우면 모기가 사라집니다. 문을 잠가놓고 그 안에서 고춧가루를 태우면 고추의 캡사이신(Capsaicin)이라는 매운 연기에 취해 바퀴벌레, 파리, 모기, 빈대, 쥐며느리 같은 것들이 모두 죽거나 도망간다고 합니다. 산형과에 속하는 회향은 은은하고 단맛이 나는 향이 일품인데 마당에 심으면 그 냄새를 싫어하는 개구리, 뱀, 두꺼비 외에도 파리나 모기까지 집 가까이 오지 않는다고 합니다. 꿀풀과에 속하는 차조기를 집 주위나

마당에 심으면 파리, 모기 같은 벌레들이 가까이 오지 않습니다. 녹나무의 장뇌향은 뱀이나 지네, 개구리 같은 것을 가까이 오지 못하게 하며 죽음에까지 이르게 하는 효과가 있습니다. 그래서 중국에서는 습지대에 많이 심습니다. 봉선화를 마당가에 둘러 심는 목적은 뱀이나 개구리 등이 집안으로 들어오지 못하도록 한 것으로 조상들은 장독대 옆에 봉선화를 심었습니다. 수선화과에 속하는 꽃무릇(석산)과 수선화는 알칼로이드의 일종인 리코린(lycorin)을 가지고 있는데 이것의 독성분을 야생 들쥐가 싫어하여 접근하지 않고, 각종 해충들 역시 접근을 기피한다고 합니다.

▲ 회향

사라져가는 꿀벌을 부르자

밀원수종(蜜源樹種)

**꿀벌과 나무에 대해 알려주신다고요?
어떤 관계가 있는지 무척 궁금하네요.**

아인슈타인은 생전에 꿀벌이 사라진다면 사 년 안에 인류 역시 멸망할 것이라고 경고했습니다. 꿀벌은 지구상에 존재하는 많은 식물들의 수분을 돕습니다. 전 세계 100대 농작물 중 71%가 꿀벌에 의해 수분이 이루어집니다. 우리나라 역시 농작물 수분에 기여하는 꿀벌의 경제적 가치를 약 육조 원으로 평가하고 있습니다. 이런 꿀벌이 멸종위기를 맞고 있습니다. 그런 의미로 꿀벌의 역할과 생태적가치 그리고 꿀벌이 좋아하는 밀원식물에 대해서 알아보도록 하겠습니다.

꿀벌에게는 배울 점이 참 많다고 하던데 맞나요?

 꿀벌은 꿀 1kg을 모으기 위해 지구 한 바퀴만큼의 거리를 비행하는 성실, 근면한 곤충입니다. 꿀벌은 여왕벌이 알을 낳을 자리, 분가 시기 같은 중요한 일을 합의를 통해 결정하는 민주적 소통 방식을 갖는다고 합니다. 또한 청결 유지를 위해서 끊임없이 청소를 하고 군집 유지를 위해서 협동한다고 합니다. 벌침은 일생 동안 단 한 번밖에 쓸 수 없기 때문에 적의 침입을 대비해 벌통을 방어하는 역할은 늙은 일벌들의 희생정신으로 이루어진다고 합니다.

▲ 꿀벌

꿀벌이 사라지고 있다는데 무슨 일인가요?

지난 십 년 간의 꿀벌 감소량을 보면 미국이 40%, 유럽이 25%, 영국이 45%가량 감소했고, 우리나라의 토종벌은 95%가 감소했다고 합니다. 미국 연방기구인 '어류 및 야생 동물국(Fish and Wildlife Service)'에서는 2016년 9월 말 하와이 토종벌 7종을 미연방 '멸종위기종' 리스트에 포함시켰습니다. 유럽 연합은 꿀벌이 찾는 화초에는 종자 전처리 약품인 농약 네오니코티노이드(neonicotinoid)를 사용하지 못하도록 규제했으며, 이후에는 야외에서 이 농약들을 일절 사용하지 못하도록 조치하기도 했습니다.

▼ 재래꿀벌(토종벌)

토종벌이 사라지는 것이 더 심각한 문제라고 하던데 그 이유가 뭔가요?

결론적으로 말하자면, 토종벌이 사라지면 생태계에 큰 재앙이 닥칠 수 있다는 겁니다. 전문가에 따르면 토종벌은 서양벌보다 크기가 작기 때문에 꽃 크기가 작은 야생화나 멸종위기종의 꽃가루받이에서 중요한 역할을 하고 있다고 합니다. 또한 한반도 자연생태계의 먹이사슬에서도 중요한 위치를 차지하고 있다고 합니다. 토종벌이 사라지면 꿀벌의 꽃가루받이에 의존하지 않는 식물종이 대거 늘어나면서 생태계 교란이 일어날 수도 있다는 것입니다.

듣고 보니 참 심각한 문제네요. 이렇게 꿀벌이 사라지고 있다니, 원인이 뭘까요?

정확하게 이유가 밝혀지지는 않았지만, 전문가들은 '기후변화'를 유력한 원인으로 꼽고 있습니다. 꿀벌은 온도변화에 아주 민감한 변온동물이라서 지구 온난화로 인해 일교차가 커지거나 이상기후로 갑자기 많은 비가 오면 기온에 적응하지 못하고 쉽게 죽을 수 있다는 것입니다. 또한 꽃이 피고 지는 기간이 짧아져 꿀벌이 꿀을 모을 수 있는 기간이 짧아진 것도 원인 중 하나입니다. 이 밖에도 휴대전화에서 나오는 전자파와 방금 전 말씀드린 농약의 영향도 있다고 합니다.

그렇다면 꿀벌을 되살릴 수 있는 방안은 없을까요?

다행히 달리알 프라이탁(Dalial Freitak) 핀란드 헬싱키대 생명과학과 교수팀이 심각한 세균 질환에 대한 벌의 저항력을 높이는 백신인 '프라임비(Prime Bee)'를 개발했다고 합니다. 그러나 이 백신을 실제 생태계에 도입하기 위해서는 최소 사, 오 년은 필요하다고 합니다. 꿀벌이 사라지고 있는 이러한 위기는 무분별한 개발과 산림훼손으로 인한 기후변화의 영향이 큽니다. 결국 지구를 살리는 일이 꿀벌을 되살리는 것이라고 생각합니다. 숲을 지키고 소비생활을 줄이는 것이 우리가 할 수 있는 방안입니다.

▲ 헛개나무

그렇다면 꿀벌들이 좋아하는 나무에는 어떤 게 있을까요?

양봉업을 하시는 분들은 당연히 밀원수를 심으시겠지만 기왕이면 일반인들도 꿀벌이 좋아하는 나무를 심었으면 합니다. 국립농업과학원은 우리나라의 밀원식물로 약 120종을 꼽고 있는데 저는 심고 가꿀 만한 나무로 헛개나무나 쉬나무, 음나무, 백합나무를 추천합니다.

추천해주신 나무들의 특징은 뭔가요?

이천 년대 초반까지만 해도 우리나라 꿀의 70% 이상을 아까시나무에서 생산했는데 기후변화로 아까시나무의 개화 시기가 짧아지면서 벌꿀 생산량이 급격히 감소하고 있다고 합니다. 6월에 꽃이 피는 갈매나뭇과의 헛개나무는 세계적인 약용 꿀 '마누카꿀(Manuka Honey)'[9]보다 꿀의 품질이 뛰어나다고 하며, 내한성이 강하고 개화기간이 긴데다가 전국에서 잘 자라고 꿀이 많이 생산된다고 합니다. 운향과에 속하는 쉬나무는 전국에 분포하며 척박지와 건조지에서도 잘 자라고 보통, 꽃이 많이 피지 않는 7~8월에 장기간 개화합니다. 영어로는 'Bee-bee tree'라고 불릴 만큼 꿀벌이 많이 찾는 나무입니다. 인삼의 형제 나무, 두릅나뭇과에 속하는 음나무는 고급 나물

---

9 뉴질랜드에서 자생하는 마누카라는 야생 관목의 꽃에서 채집되는 꿀로, UMF(Unique Manuka Factor)라 불리는 독특한 천연 물질을 통한 높은 항생, 항균 효능이 있어 세계적으로 유명하다.

로 치는데, 꽃이 아주 많이 피고 꿀도 많이 나온다고 합니다. 이 꿀은 기능성물질[10]이 함유되어 있어 아주 훌륭한 특용 밀원수종이라고 할 수 있습니다.

백합나무는 어떤 나무인가요?

미국과 중국 원산인 목련과의 백합나무는 나무의 굵기가 일정하며 곧고 높게 자라는 속성수로 빨리 자라기 때문에 많은 양의 이산화탄소를 흡수합니다. 연간 흡수하는 이산화탄소량은 소나무, 잣나무 등 주요 조림수종에 비해 1.2~1.7배 높다고 합니다. 밀원식물로써도 가치가 높습니다. 또한 아까시나무와 유사한 양의 풍부한 꿀을 생산할 수 있는데 백합나무 이십 년생은 1.8kg의 꿀을 생산할 수 있다고 하며 채밀 기간이 아까시나무보다 2~3주 더 길다고 합니다.

우리나라에서 자라는 나무 중 꿀을 채취할 수 있는 나무는 얼마나 될까요?

한반도에는 754종(species)의 목본식물이 있으며 아종, 변종, 잡종을 합치면 1,323종(taxa)이 자라고 있습니다. 이 중 밀원수종으로 분류된

---

[10] 음나무는 자양 강장 및 신경통 치료제로 사용되는데, 최근 여러 종류의 사포닌, 리그닌 및 항산화물질이 들어있는 것으로 밝혀졌다. 새순은 개두릅이라 하여 맛과 향기가 좋아 인기 있는 산채로 각광 받고 있다.

것은 54과 198종인데 다시 말하면 나무 754종 중 26.3%가 꿀을 채취할 수 있는 나무인 것입니다. 또한 꿀을 채취할 수 있는 나무의 76%인 151종이 4~6월 사이에 가장 많이 개화하는 것으로 나타났습니다. 주요 밀원수종으로 분류된 25종 중 아까시나무와 밤나무가 가장 주요한 밀원식물로 꼽히며 최근 도시 주변에서의 분포면적이 증가한 때죽나무와 쥐똥나무도 주요 밀원수종으로 분류된다고 합니다.

▲ 백합나무

꿀도 독이 될 수 있다는 말은 무슨 뜻인가요?

진달래속(屬)의 꽃에서 생산된 꿀은 '그라야노톡신(Grayano toxin)'이라는 독소를 함유하고 있는데, 이 독소는 심한 서맥과 저혈압을 유발하는 심장독성이 있다고 합니다. 그러므로 이 석청을 과량 섭취하면 중독 현상이 일어나게 됩니다. 이 독소를 함유하는 진달래는 터키, 일본, 네팔, 브라질, 북아메리카 일부 지역, 유럽 등지에서 광범위하게 자란다고 하니 외국산 석청을 주의해야 되겠습니다. 그리스의 역사가이자 장군인 크세노폰(Xenophon)의 '페르시아 원정기(Anabasis)'에 따르면, 기원전 65년 폼페이우스가 이끄는 로마군이 흑해 근처에서 적군이 두고 간 현지 꿀을 먹고 기력이 빠졌는데, 나중에 적군이 돌아와 로마군 천여 명을 죽였다는 기록이 있습니다. 이 꿀은 흑해 인근 폰투스(Pontus, 터키)에서 자라는 독초 만병초 꽃에서 채취한 것으로 알려져 있습니다.

▼ 상동잎쥐똥나무

색깔 속에 감춰진 동식물의 전략
숲과 색

**숲과 색에 대해 알려주신다니 어떤 내용이 될지
알 것 같기도 하고 모를 것 같기도 하네요.**

숫자가 끝이 없는 것처럼 색도 무한대라고 합니다. 보통 우리는 숲을 녹색이라고 표현하는데 그 녹색은 다시 수백 가지 색으로 구분할 수 있습니다. 연두색, 청포도색, 방울새색, 어린풀색, 풋사과색, 버들잎색 등 한없이 많습니다.

숲에 사는 동식물에게 색깔은 모두 중요한 의미를 갖습니다. 수분할 매개체를 유인하거나 자신을 보호하거나 경고의 신호로 이용합니다. 이번에는 숲과 색이라는 주제로 이야기를 나눠 보겠습니다.

꽃은 노랑, 파랑, 빨강 등 여러 가지 색을 띠는데요. 꽃의 색깔은 어떻게 결정되나요?

식물계에는 세 가지 색소 물질이 있습니다. 광합성 작용과 관련된 녹색 계통의 엽록소(chlorophyll), 꽃과 과실의 다양하고 현란한 색깔을 나타내는 화청소(花靑素), 그리고 광합성 보조 색소로 주황색 계열을 나타내는 카로티노이드(carotenoid)가 있습니다. 화청소는 적색, 청색, 자주색 계열을 나타내는 안토시아닌(anthocyanin)과 황색과 적색 계열의 베타시아닌(betacyanin)으로 구성됩니다. 초롱꽃, 용담의 푸른빛, 패랭이꽃, 동자꽃의 붉은빛, 그리고 제비꽃류의 자주빛은 모두 화청소에 의해 결정된 색깔입니다.

▲ 용담

상당히 어렵게 들리는데요.
좀 더 알기 쉽게 예를 들어주셨으면 좋겠네요.

꽃의 고유한 색깔은 꽃잎에 들어있는 색소가 햇빛의 가시광선 중 어떤 파장의 빛을 반사하는가에 따라 결정됩니다. 예를 들어 나뭇잎이 녹색으로 보이는 것은 엽록소가 붉은색과 청색을 흡수하고 녹색과 황록색을 반사하면서 우리 눈에 녹색으로 보이는 것입니다. 하나 더 예를 들면 카로티노이드계 색소 중 잔토필(xanthophyll)은 개나리, 애기똥풀 등에 많이 함유돼 있는데, 잔토필은 다른 색은 흡수하고 노란색을 반사하기 때문에 이 꽃들이 노랗게 보이는 것입니다.

▲ 개나리

꽃 중에는 흰색도 많은데 흰 꽃은 어떤 색소가 작용하는 건가요?

꽃이 희다는 것은 아무런 색소도 가지고 있지 않다는 뜻입니다. 흰 꽃은 화청소나 카로티노이드계의 색소를 만들지 못하기 때문에 세포 사이에 들어있는 공기에 빛이 산란(散亂)되어 흰색을 띠게 됩니다. 자연계의 꽃들이 구현하지 못하는 색깔이 딱 한 가지 있는데, 바로 검정색입니다. 이론적으로 꽃이 검은색을 띠려면 모든 가시광선을 흡수해야 되지만 자연계에는 모든 빛의 파장을 흡수하는 색소가 존재하지 않기 때문에 검은 꽃은 있을 수 없는 것입니다.

▼ 산수국

우리나라의 꽃 중에는 어떤 색의 꽃이 가장 많은가요?

식물의 꽃 색깔은 대단히 다양하기 때문에 편의상 빨간색, 노란색, 흰색, 청색 계열 네 가지로만 구분해서 조사한 결과가 있습니다. 2,237종의 조사 대상 식물 가운데 노란색이 32%를 차지하여 가장 많았고, 다음은 흰색(28.6%), 청색(27.4%), 빨간색(12.3%) 순으로 나타났다고 합니다.

숲에서 본 어떤 꽃은 볼 때마다 색깔이 변하기도 하던데요?

그것은 수분 매개체에 보내는 신호라 할 수 있습니다. 예로 병꽃나무를 보면 막 피어난 푸르스름한 연두색 꽃은 '아직 손님을 맞을 준비가 되지 않았다'는 신호입니다. 푸른빛이 가신 연두색 꽃은 곤충들에게 '들어와도 좋다'라고 보내는 신호이며 꽃이 붉은색을 띠게 되면 수정이 됐으니 '이제 그만 오세요'라는 신호입니다. 금은화라 부르는 인동덩굴도 흰색으로 꽃으로 피었다가 수정이 되면 주황색으로 변하게 됩니다.

산수국도 어떤 것은 남색이고 어떤 것은 분홍색을 띠던데 그 이유가 뭔가요?

그것은 토양의 산성도에 따라 변하는 것입니다. 산수국 꽃잎 속에 들어있는 안토시아닌의 영향으로 토양이 강한 산성이면 꽃이 남색을 띠고, 토양이 알칼리성이면 분홍빛을 띱니다. 화청소는 높은 온도와 낮은 온도의 조건에서 서로 다른 색을 만들어냅니다. 예를 들면 고구마의 꽃 색깔은 보통 엷은 자줏빛이지만 온도가 2℃로 떨어지면 장미처럼 붉은빛이나 붉은 자줏빛으로 변하는 것을 관찰할 수 있습니다. 이런 현상은 라일락에서도 볼 수 있는데 라일락의 꽃은 보통 연보라색이나 자주색을 띠지만 30℃ 정도의 높은 온도에서는 흰색으로 변한다고 합니다.

▼ 라일락

**결국 식물의 꽃은 곤충과 새들이 좋아하는 색으로 진화했다는
생각이 드는데요. 곤충과 새가 좋아하는 색이 따로 있나요?**

곤충에 따라 특별한 색의 꽃을 더 많이 찾아가는 경향이 있습니다. 벌은 노랗거나 파란 꽃을, 나방은 흰 꽃을, 새는 빨간 꽃을 많이 찾아갑니다. 나비 같은 경우에는 시각과 후각으로 꽃을 찾기 때문에 벌이 찾는 꽃과 중복되는 경우가 많다고 합니다. 식물의 열매가 빨간색이 많은 것 또한 식물의 전략입니다. 곤충들은 개체 수가 아주 많지만 크기가 작아 씨앗을 멀리 이동시키기에 적합하지 않습니다. 그렇기 때문에 곤충의 눈에 잘 보이지 않는 빨간색으로 열매를 만들어낸 것입니다. 새들은 빨간색을 좋아하며 멀리서도 잘 볼 수 있다고 합니다.

**식물 얘기는 아니지만, 색을 이용한
동물들의 생존 전략 같은 게 있는지 궁금하네요.**

우리가 보통 뱁새라고 부르는 붉은머리오목눈이라는 새는 상황에 따라 두 가지 색깔의 알을 낳습니다. 먼저 꾀꼬리의 얌체 같은 탁란을 막기 위한 목적으로 꾀꼬리의 푸른색 알과 대비되는 흰색 알을 낳습니다. 또 어치 등에게 자신의 알을 지키기 위한 목적으로 주변 색과 비슷한 푸른색 알을 낳는 위장 전술을 씁니다.

일부 동물은 보호색과 경계색을 가지고 있습니다. 보호색은 포식자로부터 자신의 몸을 숨기기 위한 위장술이고 경계색은 적을 물리

치기 위한 강력한 경고신호입니다. 북극여우는 계절마다 바뀌는 서식 환경에 따라 보호색을 가지며, 고등어는 갈매기 눈을 피하기 위해 바닷물을 닮은 푸른색의 보호색을 갖습니다. 청개구리는 천적의 눈을 피하기 위해 이끼와 바위 사이에서 녹색의 보호색을 띠며 자신을 보호합니다. 무당개구리는 자신의 배에 있는 빨강, 검정 무늬 경계색으로 다른 동물들에게 독이 있다는 사실을 알립니다. 무당벌레

◀ 남생이무당벌레
▼ 청개구리

또한 화려한 무늬의 경계색을 가지고 있는데, 무당벌레의 경계색을 본 동물들은 무당벌레가 맛이 없고 냄새도 나는 먹이였다는 과거의 기억을 떠올려 무당벌레를 지나치게 됩니다. 무당벌레는 이를 위해 악취를 풍기는 노란색 물질을 분비합니다.

▼ 붉은머리오목눈이

산새들이 좋아하는
붉은 열매

숲속의 나무 열매들은 왜 붉은색이 많을까요?

요즘 숲에 가면 붉은빛을 띠는 열매들이 꽃보다도 더 아름답게 느껴집니다. 일반적으로 산새들은 붉은색 열매를 가장 좋아한다고 합니다. 실제 연구 결과에서도 새는 녹색이나 갈색의 열매보다 붉은색의 열매를 가장 많이 먹는 것이 입증되었다고 합니다. '숲은 새를 키우고 새는 숲을 지킨다'는 말이 있습니다. 생태계에서의 새와 나무의 관계 그리고 새의 가치와 중요성에 대해서 알아보겠습니다.

새들이 좋아하는 붉은 열매로는 어떤 것들이 있을까요?

새들이 좋아하는 대표적인 붉은 열매를 살펴보면 키가 큰 나무 중에서는 팥배나무, 벚나무, 산사나무, 마가목 등이 있고, 키가 작은 나

▲ 직박구리와 낙상홍

무 중에서는 가막살나무, 덜꿩나무, 까마귀밥나무, 화살나무, 아그배나무 등이 있습니다. 덩굴나무인 노박덩굴, 찔레나무, 청미래덩굴을 비롯한 산딸기류도 모두 붉은색으로 익습니다. 식물의 열매는 번식을 위해 진화했는데, 색은 우거진 숲속에서 산새의 눈에 잘 띄도록 녹색의 보색인 빨간색으로 진화했고, 크기와 과육의 양, 맛도 새들에게 맞춰 진화했습니다. 산새들 또한 이에 잘 적응하여 빨간 열매를 즐겨 찾는 것입니다. 이것은 수만 년에 걸쳐 선택한 공진화(共進化)[11]의 산물이라 할 수 있습니다.

---

11 여러 개의 종(種)이 서로 영향을 주면서 진화하여 가는 것을 말한다.

그렇다면 붉은 열매를 새에게 제공한 식물은 어떤 혜택을 받을까요?

움직일 수 없는 나무는 열매를 새에게 제공함으로써 새에게 필요한 영양분을 공급하고, 새는 열매를 먹고 멀리 날아가 딱딱한 씨앗의 껍질을 얇게 하여 배설함으로써 식물의 번식에 도움을 줍니다. 연구 결과를 보면 새에게 먹히지 않은 열매의 씨앗은 스스로 싹을 틔우지 못하는 경우가 있었습니다. 새에게 먹힌 열매는 소화 과정을 거치면서 과육이 제거되고 씨앗 껍질의 두께가 얇아져 싹을 틔울 수 있는 확률이 높아진다고 합니다.

▲ 비둘기와 이팝나무

새를 이용해서 번식하는
대표적인 식물은 어떤 것들이 있을까요?

산삼을 예로 들어보겠습니다. '산삼 팔자는 산새가 좌우한다'고 합니다. 흔히 천종삼(天種蔘)이 으뜸이고 그 다음이 지종삼(地種蔘)이며 그 아래가 인종삼(人種蔘)이라 합니다. 천종삼은 하늘에서 떨어진 씨앗에서 싹이 돋아 자란 산삼을 말하는데, 천종삼은 단순히 하늘에서 떨어진 씨앗이 아니라 산새가 산삼 열매를 따먹고 배설한 똥에 섞인 것을 말합니다. 지종삼은 익은 열매가 땅에 떨어진 뒤 싹이 나서 자란 것이고, 인종삼은 사람이 산삼 씨앗을 깊은 산에 심은 것입니다. 인종삼은 장뇌삼(長腦蔘)이라고도 부릅니다. 대부분의 산삼 열매는 빨갛게 익은 뒤 땅에 떨어지는데, 과육이 벗겨지고 씨앗이 발아하기까지 2년 이상의 시간이 걸린다고 합니다. 그러나 천종삼의 씨는 새

▲ 가막살나무

똥에 섞여 땅에 떨어지기 때문에 거의 모든 씨앗이 이듬해 봄에 싹을 내고 뿌리를 힘차게 내린다고 합니다.

붉은 열매를 좋아하는 새의 습성을 이용해서 자연 친화적인 숲을 조성할 수도 있겠는데요?

저는 오래전부터 '새를 부르는 조경'을 주창해왔습니다. 제가 사는 곳은 아파트 단지인데, 입주하고 보니 산새들이 아주 많이 보였습니다. 이상하다 싶어 유심히 관찰해보니, 아파트 화단에 팥배나무, 피라칸타, 가막살나무같이 산새들이 좋아하는 나무들이 많이 심어져 있었습니다. 하지만 안타깝게도 주차된 차에 산새들이 배설을 한다는 이유로 이러한 나무들의 생태적가치를 무시하고 삭둑삭둑 잘라버려 지금은 팥배나무가 고사 직전에 있습니다. 어쨌든 이처럼 아파

▼ 직박구리와 양벚나무

트나 학교, 도심 공원에 새들이 좋아하는 나무를 심으면 자연스럽게 산새들을 불러들일 수 있습니다.

마찬가지로 숲 가꾸기를 할 때 특정 나무만 놔두고 거의 모든 나무를 제거해버리던데, 나무의 성장 과정과 역할을 생각하면 과연 저래도 되나 싶더라고요.

제가 하고 싶은 말입니다. 제가 보기에도 숲을 효율적으로 관리하자는 숲 가꾸기가 때로는 숲 해치기로 둔갑하여 안타깝기 그지없습니다. 건강한 숲은 키 큰 나무, 중간 키 나무, 떨기나무, 풀 등 4계층으로 이루어지면서 그 속에 온갖 동식물이 살아 숨 쉴 때 진정한 숲

▼ 팥배나무

▲ 덜꿩나무

이라 할 수 있습니다. 산새도 종류에 따라 키 큰 나무에 집을 짓기도 하고 떨기나무에 집을 짓고 그곳에서 먹이를 얻습니다. 물론 멧토끼 같은 동물들도 떨기나무 아래에 몸을 숨기기도 합니다. 그런데 이러한 자연의 법칙을 무시하고 무분별하게 벌채를 하다 보니 날짐승의 은신처가 사라져 서식할 장소를 잃어버린 산새들이 숲을 떠나게 되는 것입니다. 따라서 숲 가꾸기에는 보다 면밀한 실시 설계와 시행이 반드시 필요하다고 생각합니다.

특별히 새가 좋아하는 나무 열매가 있을까요?

멸종위기 야생생물 2급 흑비둘기는 후박나무 열매를 가장 좋아합니다. 어치는 도토리를 겨울 식량으로 삼고, 동박새는 동백꽃에서 꿀을 빨아 먹고 수분을 해줍니다. 솔잣새와 잣까마귀는 소나뭇과 나무의 열매를 부리로 쪼갠 뒤 안에 있는 씨앗을 먹습니다. 직박구리는 멀구슬나무 열매를 즐겨 먹습니다. 푸조나무라는 이름은 포구나무새, 즉 찌르레기가 유난히 이 나무의 열매를 즐겨 먹어 붙여진 이름이라는 주장도 있습니다.

새의 생태적인 가치는 어느 정도일까요?

유명한 환경생태학자 프레데릭 베스터(F. Vester) 박사는 참새 한 마리의 생태적가치를 1,357유로(한화 180만원)로 계산했습니다. 새는 식물의 종자를 먹이로 저장해 두거나, 배설하거나, 깃털에 부착하거

▼ 박새

나, 실수로 떨어트리는 등의 방법으로 식물의 종자를 퍼트립니다.

　물론 모든 새가 식물의 씨앗을 산포하는 것은 아닙니다. 비둘기, 직박구리, 찌르레기, 지빠귀류, 딱새는 종자를 한꺼번에 삼키는 '꿀꺽 삼킴형'으로 삼킨 종자를 배설하는 종자산포종이지만, 과피나 과육을 쪼아서 먹는 '쪼아 먹기형'인 딱따구리 그리고 종자 껍질을 깨서 알맹이만 먹는 '부셔 먹기형'인 곤줄박이, 되새, 방울새, 솔잣새 등의 경우에는 알맹이를 먹기 때문에 종자산포 가능성은 희박합니다.

　한편 어치는 도토리 전체를 삼키는 꿀꺽 삼킴형이지만, 도토리의 껍질을 비롯하여 속까지 소화시키기 때문에 종자산포가 불가능합니다. 다만 도토리를 여기저기 저장하는 습성이 있기 때문에 저장한 후에 찾지 못한 도토리가 이듬해 싹을 틔우게 되는 방식으로 종자산

▲ 어치

포가 가능합니다.

산새들은 산림의 해충을 먹음으로써 건강한 숲을 유지하는데 도움을 줍니다. 박새 한 마리가 한 해 동안 잡아먹는 곤충과 애벌레의 숫자는 무려 8만 5천여 마리에 이르며, 뻐꾸기의 경우에는 송충이와 같은 모충을 약 9만여 마리 이상 잡아먹는 것으로 알려져 있습니다. '숲은 새를 키우고 새는 숲을 지킨다'는 말을 잊지 않았으면 좋겠습니다.

▲ 동박새와 양벚나무

신통방통

나무의 겨울나기

**나무들은 어떻게 추운 겨울을 견뎌내고
봄을 맞이할 수 있을까요? 나무의 겨울나기가 궁금하네요.**

요즘 날씨가 아주 춥습니다. 수도 동파 사고도 많이 발생되고 있다고 합니다. 지금 숲에 가면 낙엽이 져 벌거숭이가 된 나무의 휑한 나뭇가지 사이로 차가운 바람이 괴성을 지르는 듯한 겨울 숲의 황량함마저 느낄 수 있습니다. 눈이 내려 모든 것이 하얗게 덮여 버리면 산새들마저 자취를 감춰버려 고즈넉한 겨울 숲은 인생의 덧없음마저 느끼게 합니다. 자, 그럼 나무들이 어떻게 이 춥고 긴 겨울을 날 수 있는지 알아보겠습니다.

▲ 상고대

작가님은 겨울에도 꾸준히 숲을 찾으신다고 들었는데요. 특별한 이유가 있으신가요?

숲은 어떤 계절도 그냥 지나칠 수가 없는 것 같습니다. 숲이 그림이라면 봄에는 낙엽활엽수의 연두색과 연분홍 진달래, 하얀 벚꽃이 어우러진 수채화 같고, 숲이 울창한 여름은 초록빛 파도가 일렁이는 바다와 닮은 유화(油畵)가 됩니다. 알록달록 단풍이 든 가을 숲은 크레파스화 같고, 낙엽이 진 뒤 하얀 눈이 내린 겨울 숲은 한 폭의 수묵화가 됩니다. 굳이 비유하자면, 겨울 숲은 숲의 민낯이라고나 할까요? 그동안 나뭇잎에 가려졌던 숲의 속살을 들여다보고 자세히 관찰하는 재미가 쏠쏠합니다.

그렇군요! 그렇다면 나무가 겨울을 나기 위해 준비해야 할 것이 뭐가 있을까요?

사람들이 겨울을 앞두고 김장 등의 월동 준비를 하듯 나무들도 겨울을 날 준비를 합니다. 여름의 절정인 7~8월까지 활발하게 나오던 성장호르몬이 9월부터 멎게 되는데, 차후 나뭇잎을 떨어뜨리기 위해 잎과 가지가 연결된 잎자루의 끝부분에 떨켜층[12]을 만듭니다.

최저기온이 5℃ 이하로 떨어지면 에너지만 소모하는 잎은 필요가 없게 되어 잎으로 보내는 수분과 영양분을 줄이게 되면 잎의 엽록소가 조금씩 파괴되면서 단풍이 들게 됩니다. 이어서 기온이 내려가면 떨켜층의 세포벽을 녹이는 효소가 분비되어, 떨켜층이 녹음과 동시에 잎이 가지에서 분리돼 땅으로 떨어지는 것입니다.

---

12 낙엽이 질 무렵 잎자루와 가지가 붙은 곳에 생기는 특수한 세포층을 말한다.

▼ 겨울 숲

단풍은 나무의 월동 준비하고 할 수 있군요. 그렇다면 소나무 같은 침엽수는 왜 겨울에도 잎이 그대로 있나요?

침엽수는 활엽수에 비해서 좀 더 정교한 방한 메커니즘을 가지고 있습니다. 침엽수는 햇빛만 있으면, 온도가 낮더라도 초겨울이든 초봄이든 관계없이 광합성을 할 수 있습니다. 광합성에는 물이 꼭 필요한데, 침엽수는 물을 나르는 헛물관[13]의 지름이 활엽수와 비교도 안 될 정도로 작아, 설령 헛물관이 얼더라도 기포가 잘 발생하지 않고, 기포가 생기더라도 크기가 아주 작기 때문에 나무 조직으로 다시 흡수될 뿐 나무 조직에 피해를 주지 않습니다.

물이 꽁꽁 얼 정도의 날씨에도 나무들이 얼지 않고 살 수 있는 이유는 뭘까요?

나무들에게는 얼지 않는 비결이 있습니다. 첫 번째 비결은 수액의 흐름을 차단하고, 세포에서 물을 빼버리는 것입니다. 세포에 수분이 거의 없으니 얼음이 제대로 얼지 않습니다. 두 번째 비결은 부동액을 만드는 것입니다. 화학첨가물이 들어있는 자동차 부동액이 빙점을 낮추듯이 식물들도 당분 등을 합성해서 세포 내의 수분이 어는 온도를 낮춥니다. 단풍나무의 고로쇠 수액 등이 대표적이며 사과

---

13 겉씨식물이나 양치식물 관다발의 물관부에 있는 주된 요소. 조직을 지탱하고 수분의 통로가 되는, 세포벽의 두꺼운 조직이다

나무, 장미 등도 비슷한 방식으로 부동액을 만들어 빙점을 낮춘다고 합니다.

그렇다면 나무는 어느 정도의 추위까지 견딜 수 있을까요?

생장에 적절한 환경조건을 벗어날 때, 식물이 보이는 반응을 스트레스 반응이라고 합니다. 온대지방의 많은 수목들이 영하 40°C 정도에서 어는 것과 달리, 내한성이 큰 자작나무, 오리나무, 사시나무,

▼ 자작나무숲

버드나무류는 결빙 현상이 없습니다. 이는 세포 간극에서 결빙이 일어나면서 거의 모든 수분이 세포 밖으로 빠져나오기 때문이라고 합니다. 이러한 수종은 영하 196°C의 액체질소 처리에서도 살아남았다고 합니다.

자연적으로 서서히 저온 순화[14]한 식물은 아주 낮은 온도에서도 생존할 수 있습니다. 순화한 식물은 영하 40°C에서도 쉽게 생존하는데, 버드나무류나 침엽수 같은 경우에는 과학자들마저 최저온도의 한계가 없다고 믿고 있습니다.

나무가 피해를 입는 다른 경우가 있다면 무엇일까요?

나무는 동해 외에도 고온, 냉해, 풍해, 대기오염에 의한 피해를 봅니다. 가장 높은 온도를 견디는 생물은 분화구의 유황 진흙에서 자라는 박테리아로 110°C까지 견디는데, 고등식물의 경우, 종에 따라 다르지만 대략 50~60°C까지 견딜 수 있고, 마른 종자의 경우에는 120°C까지 견딜 수 있다고 합니다.

온대지방의 수목은 빙점 근처까지 온도가 내려가면 냉해를 입게 되는데, 작년 남부지방에서의 후박나무 가로수의 광범위한 냉해가 대표적인 사례라고 할 수 있습니다. 또한 강풍은 증산작용의 촉진,

---

14 적온에서 생장하는 식물체에게 갑자기 저온 조건을 주면, 저온에 의해 피해를 입게 되지만, 천천히 저온 조건을 줄 경우 피해를 적게 입고 저온 적응도가 높아진다고 한다.

줄기의 기형, 쓰러짐, 잎의 손상, 토양침식 등의 피해를 가져옵니다. 그리고 아황산가스, 질소산화물, 오존과 스모그속의 강한 독성물질인 질산과산화 아세틸, 불소, 중금속 등의 대기오염물질은 수목의 활력 감소나 고사 등의 피해를 입힙니다.

난대성 상록수 중에서는 어떤 나무가 추위를 잘 견디나요?

먼저, 비교적 추위에 강한 난대성 상록활엽수로 동백나무, 차나무, 가시나무류, 호랑가시나무, 꽝꽝나무, 굴거리나무, 금목서 등의 목서류와 광나무가 있습니다. 실제로 광주·전남 내륙에서도 잘 적응한 사례가 많습니다. 이보다 더 추위에 약한 종은 후피향나무, 녹나뭇과의 녹나무, 생달나무, 후박나무, 참식나무 등입니다. 이 중에

▲ 태풍 볼라벤에 쓰러진 백합나무

▲ 동해를 입은 왕벚나무 수피

서도 녹나무가 추위에 가장 취약한 것으로 알려져 있습니다. 특히 후피향나무와 돈나무의 어린 묘목은 내륙지방에서 월동이 어려울 정도로 추위에 약하다고 합니다.

외국에 가서 보면 가로수에 흰 페인트가 칠해져 있던데 그것은 어떤 이유에서 인가요?

아주 좋은 질문입니다. 그런 모습은 주로 구소련 연방 국가였던 동유럽이나 북한에서 많이 볼 수 있습니다. 저도 2년 전 캅카스(Kavkaz)[15] 3개국인 조지아, 아르메니아, 아제르바이잔 여행 시 가로

---

15 흑해와 카스피해 사이에 있는 지역. 러시아, 조지아, 아제르바이잔, 아르메니아 따위의 여러 나라가 접하여 있는 동서 교통의 요충지이며, 유전 지대이기도 하다.

수로 심은 호두나무와 살구나무에 흰 칠을 한 것을 많이 봤습니다. 나무에 흰색 수성페인트나 석회를 바르는 것은 한겨울 나무줄기의 남쪽 부위가 햇볕에 가열되면 그늘진 부분과 비교해 온도가 20°C 이상 올라가고, 해가 지면 온도가 급격하게 내려가 동해를 입게 되는데 이러한 피해를 방지하기 위해서입니다. 이 피해를 동계피소(冬季皮燒)라 합니다. 특히 지면과 가까운 하단 부위의 피해가 크다고 합니다. 나무에 짚을 감싸는 것도 같은 목적입니다. 우리나라에서도 과수원에서 많이 활용하고 있는 수목 동해 방지책 중 하나입니다. 또한 병충해를 방지하고 도시미관을 위한 목적도 있습니다.

▼ 동계피소 방지를 위해 페인트칠을 한 가로수(아제르바이잔)

알고 있나요?

나무에 관한 오해와 진실

이번에는 색다른 주제를 가지고 나오셨다고 들었는데요.

현대를 정보의 시대라고 합니다. 넘쳐나는 정보가 홍수를 이뤄 이로 인한 폐해가 적지 않은 것 같습니다. 잘못된 정보 중에는 숲에 관한 내용도 예외가 아니어서, 숲을 연구하는 입장에서 사람들이 숲에 대해 올바르게 이해할 수 있도록 잘못된 정보를 바로잡아야겠다는 생각을 합니다. 첫 번째로 가장 많은 것이 나무의 이름에 관한 것인데, 잘못 알려진 나무 이름이 그대로 통용되는 경우가 많습니다. 두 번째는 식물에 대한 이해가 부족하여 나무의 해로운 측면이 부각되는 경우, 세 번째는 나무 이름의 잘못된 번역과 문화적인 해석의 오류인데, 우리나라가 한자(漢子) 문화권이다 보니 중국과 일본에서 도입된 나무에서 이런 일이 많이 생깁니다. 그래서 이번에는 나무에 관한 진실과 오해라는 주제로 이야기를 나눠보겠습니다.

진실과 오해라고 하니까 그동안 나무에 대해 조금 무심했던 건 아닌가 하는 생각이 드는데요. 어떤 오해가 있었을까요?

먼저 은행나무부터 말씀드리겠습니다. 은행나무는 중국 원산으로 은빛 살구라는 의미의 이름이 붙어 있는데, 약 2억 5천만 년 동안 생명을 이어와 살아있는 화석이라고 불리는 신비스런 나무입니다.

은행나무에 관해 자주 들을 수 있는 질문 중 하나가 은행나무가 과연 침엽수인가, 활엽수인가 하는 것입니다. 보통 다들 침엽수라고 하는데, 은행나무 잎의 형태를 물을 때는 '활엽수'라 해야 맞습니다. 속씨식물인지 겉씨식물인지를 물을 때는, 은행나무는 소나무처럼 잎이 뾰족하지는 않지만 씨가 씨방에 들어 있지 않고 겉으로 드러나 있는 '겉씨식물'에 속한다고 대답하는 것이 올바릅니다.

▼ 된장풀

보통 식물 이름 뒤에 풀이라고 붙으면
풀이라고 생각하지 않나요?

일반적으로 풀과 나무를 구분할 때, 겨울에 지상부가 죽지 않고, 형성층에 의해 2차 생장이 이뤄져 나이테를 만들며 줄기가 굵어지는 것을 나무라고 합니다. 간혹 '풀'이라는 어미 때문에 오해를 하는 경우가 있습니다. 줄기와 잎을 된장에 넣으면 벌레가 생기지 않는다는 특산식물 된장풀은 제주도에서 자라는 콩과의 낙엽활엽소관목입니다. 유달산 특정자생식물원에도 심어져 있습니다.

고 김대중 대통령의 삶을 상징하는 인동초는 추운 겨울에도 온갖 풍상을 참고 이겨내는 특성을 가진 반상록 덩굴성 목본입니다. 국명은 '인동덩굴'로 인동초 발효주인 '인동주'는 외지인이 즐겨 찾는 목

▼ 인동덩굴

▼ 죽절초

포 지역의 대표적인 먹거리 중 하나가 되었다고 합니다. 멸종위기 2급 식물인 죽절초도 홀아비꽃대과의 상록반관목입니다.

쌀 7가마니의 밥을 담을 수 있다는 송광사의 명물 나무 밥통 '비사리구시'가 싸리나무로 만들어졌다고 하던데 진짜 싸리나무가 맞나요?

저 역시 중학교 수학여행 때 전남 순천 송광사에서 처음 봤는데, 싸리나무로 만들었다는 통나무배 같은 비사리구시에 대한 궁금증을 오랫동안 떨쳐버릴 수 없었습니다. 하지만 결국 과학의 힘이 진실을 밝혀냈습니다. 송광사 비사리구시의 세포 모양을 현미경으로

▲ 송광사 비사리구시

조사한 결과, 느티나무로 밝혀졌다고 합니다. 사리함 등 불구(佛具)의 재료로 널리 사용된 느티나무를 사리(舍利)나무라고 부르다가 발음이 비슷한 싸리나무로 바뀐 것이 아닐까 추정하고 있습니다.

불교 얘기가 나와서 말인데요. 뒷산에서 흔히 볼 수 있는 보리수나무가 부처님이 도를 깨우쳤다는 그 보리수나무가 맞나요?

결론부터 말하자면, 우리나라의 산에 자라는 보리수나무는 부처님과 아무 관련이 없는 나무입니다. 전남 완도의 보길도로 짐작되는, '보리'라는 마을에서 많이 나는 열매라 하여 보리수나무라 불리

▲ 보리수나무

게 되었다고 합니다. 석가모니와 관련이 있는 보리수나무는 아열대 지역에서 자라는 인도보리수로 우리나라에서는 기온차 때문에 살 수가 없습니다. 그렇기 때문에 석가의 보리수나무를 대용할 나무가 필요했는데, 잎 모양이 인도보리수와 닮고 열매로 염주를 만들 수 있는 피나무나 중국에서 들여온 보리자나무가 인도보리수를 대신하게 되었다고 합니다.

흔히 사람들이 해롭다고 알고 있는 나무 중에 실제로는 해롭지 않은 경우도 있다고 들었는데요.

능소화 꽃가루 같은 경우, 갈고리 모양을 하고 있어 피부나 점막에 닿으면 잘 떨어지지 않아 염증을 유발하고, 심할 경우 실명까지 초래할 수 있다는 논란이 오랫동안 있었습니다. 그러나 능소화 꽃가루의 모양은 가시 또는 갈고리와 같은 돌기가 있는 형태가 아니라,

▼ 창덕궁 대조전 봉황도

매끈한 그물망 모양을 하고 있는 충매화입니다. 그렇기 때문에 바람에 날리기 어려운 조건을 가지고 있다는 연구 결과가 나왔습니다.

봄에 날리는 버드나무나 포플러, 은사시나무의 씨털도 알레르기(allergy)의 주범으로 오해를 받고 있는데 이것은 꽃가루가 아니라 민들레처럼 씨앗을 날려 보내는 수단입니다. 씨털은 솜털처럼 생겨서 일시적으로 호흡기 계통에 자극을 줄 수 있지만 알레르기를 유발하는 원인은 아닙니다.

우리가 많이 오해하고 있었군요. 좋은 정보 감사합니다.

우리 숲에 많이 심어져 있는 아까시나무를 아직도 아카시아라고 부르는 경우가 많습니다. 아카시아는 호주를 비롯한 열대, 온대 지역에 분포하는 콩과의 상록수 이름입니다. 물론 어렸을 때 불렀던 동요의 탓도 있을 것 같습니다.

옛글에 "봉황(鳳凰)은 비죽실(非竹實)이면 불식(不食)이요, 비오동(非梧桐)이면 불서(不棲)요, 비예천(非醴泉)이면 불음(不飮)이라!"라고 했는데, 봉황은 대나무 열매가 아니면 먹지를 않고, 오동나무가 아니면 앉지를 않고, 예천(醴泉)[16]이 아니면 마시지 않는다는 말입니다. 여기서 봉황이 머문다는 나무는 오동나무가 아니라 벽오동입니다. 중국에서는 오동나무를 포동(泡桐)이라 하고 벽오동을 오동(梧桐)이라 부릅니다.

---

16 중국에서 태평할 때에 단물이 솟는다고 하는 샘을 말한다.

달나라에서 자란다는 나무를 계수나무라고 알고 있는 사람들이 많은데 이는 계수나무(Cercidiphyllum japonicum)가 들어올 때 일본 명칭인 가쯔야(桂)를 잘못 해석한 것에서 비롯되었다고 합니다. 동요 속의 달나라 나무는 목서(木犀)라는 설이 우세합니다. 일본목련을 한자로 후박(厚朴)이라고 하는데 일본목련을 수입하여 들여올 때 후박나무라고 번역해버린 조경업자들 탓에 우리나라 남부지방의 대표적 상록수인 후박나무가 많은 혼란을 겪기도 했습니다. 일본목련의 생약명은 후박(厚朴)이며, 후박나무의 생약명은 홍남피(紅楠皮) 또는 홍남목(紅楠木)[17]이라 하여 확실히 다릅니다.

---

[17] 후박나무의 중국명은 홍남(紅楠)으로, 여기에서 유래하여 후박나무 생약명이 홍남피(紅楠皮), 홍남목(紅楠木)으로 불리게 되었다.

▼ 벽오동

선조들의 삶의 지혜에서 배우는
생명 존중 사상

그동안 참 많은 나무에 대해 알아봤는데요. 이번 주제는 선조들에게 배우는 상생 정신과 환경윤리라고요?

아리스토텔레스는 식물과 동물은 인간을 위해 존재한다고 했습니다. 데카르트는 인간만이 자연에서 이성을 갖는 존재이고, 이성이 없는 자연은 인간을 위한 이용의 도구라고 했습니다. 슈바이처는 모든 살아있는 생명체는 거룩하고 신성한 것이라고 했으며, 레오폴드(Alldo Leopold)[18]는 대지는 인간을 비롯한 자연의 모든 존재들이 서로 그물망처럼 얽혀있는 공동체라고 했습니다. 누구의 주장이 맞을까요? 이번 시간에는 우리 선조들의 삶에 녹아있는 생명 존중 사상을

---
18 미국의 작가, 철학자, 과학자, 생태학자, 포레스터(forester), 환경보호론자 및 환경주의자, 위스콘신 대학교의 교수. 이백만 권이 넘는 사본을 판매한 『모래 군 연감(Sand County Almanac)』(1949)으로 유명하다.

살펴보겠습니다.

흥미롭네요! 우리가 본받을 수 있는 선조들의 지혜에는 어떤 것들이 있을까요?

우리 선조들에게는 요즘 말로, 환경윤리[19]에 입각한 생활의 지혜가 아주 많습니다. 까치밥, 고수레, 콩 3개를 심는 이유, 모깃불, 스님들의 발우공양, 상생과 생명 존중의 가치가 깃든 속담 등은 요즘

---

19 사람이 어떤 일을 할 때 스스로 환경을 파괴하지 않도록 배려하려고 하는 도리나 규범을 말한다.

▼ 다람쥐

젊은 사람들에게는 생소한 삶의 방식이지만 우리가 본받을 만한 생태 중심의 사고들입니다.

먼저 까치밥에 대해 알려주시죠.

'까치밥'은 상생의 가치를 담은 대표적 민속문화로, 감을 딸 때 전부 따는 것이 아니라 1, 2개를 까치밥으로 남겨두는 것을 말합니다. "까치밥은 꼭 남겨놓거라"라고 말씀하시던 돌아가신 할머님이 생각납니다. 그런가 하면 정월대보름에는 까치와 까마귀에게 밥을 주는 풍속도 있습니다. 찰밥과 나물, 약식을 지붕이나 담장, 나무 위에 조금씩 올려두는 것입니다. 이것은 신라 21대 왕인 소지왕의 목숨을

▼ 까치밥을 노리는 직박구리

까마귀가 구했기 때문에 그에 보답하기 위한 전통이라는 설도 있고, 새들이 농사에 피해를 끼치지 않기를 바라면서 먹을 것이 부족한 한겨울 대보름날만이라도 짐승과 음식을 나눠 먹고자 하는 의미가 담겨 있습니다.

콩 세 알과 고수레는 많이 들어본 것 같네요.

아시다시피 농부는 콩을 심을 때 3개씩 심는데, 하나는 새의 몫, 다른 하나는 땅속 벌레의 몫, 나머지 하나는 심은 사람의 것이라는 겁니다. 이것은 『천부경』[20]의 '인중천지일(人中天地一)', 즉, 사람 안에 하늘과 땅이 있다'는 천지인 정신에서 비롯된 것이라고 하는데, 단군왕검의 홍익인간 사상입니다. 고은 시인의 『만인보(萬人譜)』[21] 중 「칠성암 노승」이라는 시에 아주 해학적인 표현이 있어 소개해드리겠습니다.

> 시금치 씨 셋 뿌렸다 / 시금치 나시면 / 하나는 새가 뜯어 잡숫고 / 하나는 벌레가 갉아 잡숫고 / 하나는 내가 잡수어야지 // 낮길 / 짚신감발 // 짚신 신고 가면 / 길바닥 개미 죽이지 않지 / 지렁이 / 어쩌다 나온 굼벵이 죽이지 않지 / 밤길 /

---

20 대종교의 기본 경전이다.
21 1986년부터 2010년까지 쓴 고은의 연작 장시, 총 삼십 권으로 창비에서 완간하였다.

짐승들 잠 깨우면 안되지 / 짚신 걸음 자취 없어 / 안성맞춤 이지 / 벌써 칠성암 남새밭에 시금치들 / 처녀같이 자라났 구나 // 요년들 / 요년들 / 출무성히 자라났구나

고수레는 일종의 민간신앙 행위라고도 볼 수 있는데, 주목할 점은 고수레의 음식은 신이 먹는 것이 아니라 벌레나 짐승들이 먹는다는 것입니다. 이처럼 우리 선조들은 사람뿐만 아니라 들짐승이나 벌레와도 함께 음식을 나누는 것을 미덕으로 삼았습니다.

스님들의 발우공양에도 환경윤리가 담겨 있다고요?

불교에서는 부처님께 올리는 음식이나 식사를 '공양(供養)'이라고 합니다. 특히 스님들의 식사 전통인 '발우공양(拔羽供養)'은 공양을 하면서 부처님을 생각하고 수행을 돌아보는 과정이라고 합니다. 식사를 마치면 남겨놓은 김치로 발우를 깨끗이 닦아 먹는데, 이것은 발우공양이 음식물을 남기지 않는 청결 공양이기 때문입니다. 발우공양은 단순히 식사가 아니라 자연과 내 몸이 관계를 맺는 거룩한 의식이고 전통이며 환경윤리라고 할 수 있습니다.

스님들의 짚신이나 지팡이에도
생명 존중 사상이 깃들어 있다면서요?

스님들은 안거가 끝나고 만행(萬行)[22]을 할 때 땅에 기어 다니는 작은 벌레와 곤충이 밟혀 죽지 않도록 부드럽고 헐렁한 짚신을 신고 다녔다고 합니다. 이것은 작은 벌레나 생명들이 혹시라도 죽거나 다치지 않도록 수채 구멍이나 땅바닥에 뜨거운 물을 함부로 버리지 않는 풍습과 일치하는 생명 존중 사상입니다.

스님들이 지니고 다니는 지팡이 중 '석장(錫杖)'이라는 지팡이의 머리 부분에는 6개의 고리가 달려있는데, 여기에는 지옥, 아귀, 축생, 인간, 수라, 천상 등 육도[23]를 제도한다는 의미가 있다고 합니다. 또한 실제 생활에서는 수행자들이 길을 갈 때 석장을 울려 주변 짐승과 벌레들이 해를 입지 않도록 하는 배려가 깃들어 있다고 합니다.

모깃불에도 생명 존중 사상이 담겨 있다고요?

옛 농촌에서는 더운 여름이 되면 마당에 모깃불을 피웠습니다. 모깃불의 재료로 사용한 것은 산초나무, 회나무, 호두나무, 동백나무, 말린 쑥, 담뱃잎 등이었는데, 이것들을 사용한 모깃불은 모기의 접

---

22 여러 곳으로 두루 돌아다니면서 닦는 온갖 수행을 말한다.
23 삼악도와 삼선도(三善道)를 통틀어 이르는 말. 중생이 선악의 원인에 의하여 윤회하는 여섯 가지의 세계이다.

근을 막되 생명을 빼앗지는 않았습니다.

옛날에는 벌레로부터 농작물을 보호하기 위해 충제(蟲祭)를 지냈다고 합니다. 축문에는 "해충들은 쫓아주시되 그 종자만은 남겨 두시길 비나이다."라고 적혀 있었다고 합니다. 이러한 것들은 결국 작은 벌레나 생명도 소중히 생각하는 우리 전통문화라고 할 수 있습니다.

생명 존중과 관련하여 더 해주실 말씀은 없나요?

옛날 나무꾼들은 나무를 베기 전에 나무에게 절을 하고 "도끼 들어가요"라고 고함을 친 뒤 도끼질을 시작했다고 합니다. 이것은 나무에게 미안함을 표함과 동시에 나무가 너무 놀라지 않도록 하기 위함이라고 합니다. 또 옛날 우리 할머니들은 송편을 만들 때, 꼭 어두워진 뒤에야 솔잎을 땄는데, 그것도 도둑질을 하듯이 매우 조심스럽게 땄다고 합니다. 밝을 때 솔잎을 따면 소나무가 겁을 먹고 아파하기 때문에 소나무가 잠든 틈에 살그머니 솔잎을 따야 덜 미안하다고 생각했기 때문입니다.

산골에는 나무와 숲을 보존하기 위한 속신이 있었는데 이와 관련해 이런 속담들이 전해지고 있습니다.

"나무를 많이 때면 산신령의 노여움을 산다."
"나무를 헤치면 산에서 길을 잃는다."
"나뭇짐을 지고 개울 건너지 말라."
"큰 나무를 베면 일찍 죽는다."
"나무를 아껴 때면 산신령이 도움을 준다."
"썩은 나무는 베지도 때지도 말라."

우리 선조의 환경윤리와 생명 존중 사상을 본받는다면 더욱 평화롭고 아름다운 세상이 될 것이란 생각이 듭니다.

▲ 선운사

4장
숲을 선물 받다

귀신을 쫓는
벽사나무

벽사나무에 대해 알려주신다고요? 벽사가 무슨 뜻인가요?

벽사(辟邪)[1]란 중국의 상상의 동물인 벽사에서 유래되었는데 벽사는 사예(邪穢), 즉 마귀를 쫓는다는 뜻으로 쓰여 왔습니다. 자, 그럼 귀신을 쫓는 나무를 상징하는 벽사나무에 대해서 알아보겠습니다.

귀신을 쫓는 나무? 참 흥미로운데요. 벽사나무에는 어떤 것들이 있나요?

예로부터 나무는 인간의 생존에 필요한 자원을 제공하는 불가분

---

[1] 벽사(辟邪)는 고대 중국의 상상의 동물로 모양은 사슴과 비슷하며 뿔이 두 개로 사악(邪惡)을 물리친다 하여 인장(印章)과 기(旗)에 장식으로 그려진 데서 유래한 명칭이다.

의 관계이기도 했지만 두려움과 경이로운 존재이기도 했습니다. 나무를 이용해서 병마와 귀신을 물리치고자 하는 풍습은 지금까지도 이어져 내려오고 있습니다. 사람들은 나무의 특징을 잘 이해하고 이것들을 이용해서 귀신을 물리치고자 했는데, 동쪽으로 뻗어난 복사나무의 양기, 가시가 성성한 음나무나 산사나무, 붉은색을 띠는 주목, 향나무와 녹나무의 향기, 돈나무의 악취, 태우면 폭탄이 터지는 듯한 소리가 나는 붉나무, 대추나무의 단단함이 그런 예입니다.

▼ 벽사상(辟邪像)

그래서 복숭아는 제사상에도 올리지 말고
집안에도 심지 않는다는 말이 나왔을까요?

옛날 중국에, 화살 하나만으로 하늘에 떠있는 태양마저 떨어뜨릴 수 있는 '예(羿)'[2]라는 활쏘기 명수가 살았는데, 자기 재주를 너무 믿고 함부로 놀아나다가 어느 날 제자가 휘두른 복사나무 몽둥이에 맞아 죽었다고 합니다. 예는 죽어 귀신이 되어서도 복사나무를 싫어했는데, 그 모습을 본 다른 귀신들마저 덩달아 이 나무를 무서워해 사람들이 귀신을 쫓는데 복사나무를 썼다는 것입니다. 특히 동쪽으로 뻗은 복사나무 가지가 잡스러운 귀신들을 쫓아내는 구실을 한다고 믿었습니다.

귀신을 쫓는데 효험이 있다면 복숭아나무를
집안에 심는 게 더 낫지 않을까요?

복사나무는 모든 귀신이 싫어하기 때문에 집안에 심어놓으면 조상의 제사도 모시지 못할 것이라 생각했던 거죠. 제주도에서는 복사나무와 마찬가지로 녹나무를 집안에 심지 않는 풍습이 전해오는데 녹나무의 장뇌향(樟腦香)[3]이라는 독특한 향기가 귀신을 쫓는다고 믿

---

[2] 중국 고대의 전설적 영웅. 요(堯)의 신하로, 활을 잘 쏘아 당시 열 개의 태양이 함께 떠올라 초목이 말라 죽게 되었을 때 그중 아홉 개를 쏘아 떨어뜨렸다고 한다.

[3] 녹나무의 목재와 잎에서 얻어지는 특징적 냄새를 갖는 결정성의 물질로, 합성하여 제조할 수도 있다. 셀룰로이드(celluloid)와 폭약 제조, 의약 등에 쓰인다.

었기 때문입니다. 이런 문제를 해결하기 위해서 나쁜 잡귀신만 가려서 쫓아낸다는 무환자나무를 집안 뜰에 심었습니다. 이 나무는 중국에서 들어왔는데 '환자가 생기지 않고 걱정이 없다'는 뜻으로 무환자(無患子)나무란 이름을 갖게 되었습니다. 무환자나무는 염주를 만들기도 하고, 계면활성 성분이 있어서 비누나무라고도 부릅니다.

혹시 실제로 복사나무를 이용해 귀신을 물리쳤다는 기록이 있나요?

그런 기록은 보지 못했습니다. 『조선왕조실록』을 보면 세종 2년(1420년)에 어머니인 원경 왕후가 위독해지자 임금이 직접 복사나무

▼ 복사나무

가지를 잡고 지성으로 종일 기도하였으나 별 효험이 없었다고 합니다. 그러나 연산 12년(1505년)에는 해마다 봄, 가을의 역질 귀신을 쫓아내는데 복사나무로 만든 칼과 판자를 쓰게 하라고 하여, 왕실에서 백성에 이르기까지 복사나무는 귀신을 물리치는 나무였다는 기록이 전해옵니다. 아이러니하게도 복사나무는 신선이 즐기는 과일이며 유토피아의 대명사입니다.

▼ 돈나무

음나무도 벽사나무라고 하셨는데, 음나무의 어떤 점이 귀신을 물리치는데 효과가 있다고 여겨졌을까요?

우리 선조들에게는 고슴도치처럼 가시가 촘촘한 음나무 가지를 문설주 위에 가로로 걸쳐놓은 관습이 있었는데, 이는 잡귀가 들어오는 것을 막기 위함입니다. 귀신도 갓을 쓰고 도포를 입었을 것이라 가정하고 귀신이 음나무 가시에 걸려 방에 들어오지 못하게 한 거죠.

그런가 하면 돈나무가 분포하는 도서지방에서는 돈나무를 음나무와 같은 용도로 사용했는데, 이것은 돈나무 가지를 꺾거나 잎을 비빌 때 나는 악취, 특히 뿌리의 껍질을 벗길 때 나는 고약한 냄새가 귀신을 쫓아낼 것이라 믿었기 때문입니다. 그래서 '섬음나무'라고 불리기도 합니다. 그러나 돈나무 꽃은 향기가 좋아 중국에서는 칠리향(七里香) 또는 천리향(千里香)이라 부르기도 합니다. 두 얼굴을 가진 나무죠.

▼ 음나무

저는 음나무를 엄나무라고 알고 있었는데, 음나무라고 한 이유가 뭘까요?

음나무는 가시가 엄하게 생겨서 엄나무로 불렸는데, 국가식물표준목록에 음나무가 추천명으로 등록되어 있습니다. 옛날에는 이 나무를 이용해 육각형 노리개를 만든 뒤 어린 아이에게 채워주기도 했습니다. 이것은 악귀가 들어오지 못하게 하려는 것으로 이를 '음'이라 하여 지금의 음나무라는 이름이 붙었다고 합니다.

요즘 아파트 정원에 많이 심는 산사나무도 벽사나무의 일종이라고 하던데, 좀 의외인데요?

산사주로 유명한 산사나무 역시 동서양을 막론하고 귀신을 물리치는 나무로 여겨집니다. 서양에서는 산사나무를 '5월의 나무', 꽃을 메이플라워(Mayflower)라고 부릅니다. 또한 산사나무의 서양 이름인 하쏜(Hawthorn)은 벼락을 막는다는 뜻입니다. 1620년, 유럽의 청교도들이 신대륙(미국)으로 건너가기 위해 탔던 배의 이름이 '더 메이플라워(The Mayflower)호'였는데, 산사나무가 벼락을 막아주는 나무이므로 안전을 기원한다는 뜻이 숨겨져 있습니다.

▲ 산사나무

**지금까지 벽사나무에 대해 알려주셨는데요,
혹시 귀신이 좋아하거나 귀신을 부르는 나무는 없을까요?**

좋은 질문입니다. 흑산도와 제주도에만 귀하게 자라는 멸종위기 2급 목련과의 초령목이 바로 귀신을 부르는 나무입니다. 초령목은 키가 크고 깨끗하며 꽃의 향기도 좋아 신들이 거처하기에 알맞은 나무라고 여긴다고 합니다. 일부 섬 지역에 자라는 차나뭇과의 비쭈기나무도 일본에서는 장례식에서 신을 부를 때 흔들거나, 신사(神社)에서 의례를 집행하는 신관이 신을 불러오는 역할을 할 때 사용하는 나무라고 합니다. 붓순나무는 부처님께 바치는 나무로 불전 장식으로 사용되며 산소에 심거나 관 속에 넣어 잡귀를 쫓는다고 합니다.

또한 아이누족[4] 같은 경우에는 다릅나무의 가지에서 나는 이상한 냄새를 벽사에 이용하여 신에게 바치는 나무로만 사용해, 땔감으로는 절대 사용하지 않고, 수렵의 도구로 만들지도 않았다고 합니다.

---

4   일본 홋카이도(北海道)와 사할린에 사는 한 종족. 유럽 인종의 한 분파에 황색 인종의 피가 섞인 종족이었으나, 일본인과의 혼혈로 본래의 인종적 특성과 고유의 문화를 점차 잃어 가고 있다.

▼ 초령목

멋과 맛

떡을 해먹을 수 있는 나무

나무 이야기를 하다가 갑자기 떡이라뇨? 무슨 말씀을 하실지 궁금하네요.

네, 이번 주제는 떡을 해먹는 나무입니다. 민족의 명절 한가위를 앞두고 송편을 비롯한 떡 이야기를 해볼까 합니다. 아시다시피 인간은 의식주의 재료를 숲에서 조달해왔습니다. 숲은 인간이 없어도 아무런 문제가 없지만, 인간은 숲이 없으면 살 수 없는 나약한 존재였다고 할까요. 사실 많은 나무가 우리가 즐겨먹는 떡의 재료였다는 것을 알고 있는 사람은 많지 않을 것입니다. 이번에는 소나무, 참나무, 느티나무, 감나무, 칡, 청미래덩굴처럼 떡을 해먹을 수 있는 나무에 대해 이야기해보도록 하겠습니다.

나무로 떡을 해먹는다? 저도 생각해본 적이 없는 것 같네요. 그래도 송편에 대해서는 알 것도 같은데요.

햅쌀로 빚은 송편을 '오려 송편(올송편)'이라고 하는데, 추석 때 한 해의 수확을 감사하는 의미로 조상의 차례상과 묘소에 올립니다.

중국의 중화절[5]에는 '노비송편'이라 하여 송편을 커다랗게 빚어 노비들에게 나이만큼 주었는데, 이는 농사가 시작되는 절기에 노비들의 사기를 돋우고 격려하기 위한 풍속이었다고 전해집니다.

송편은 맵쌀에 깨, 팥, 콩, 녹두, 밤 등의 여러 가지 소를 넣고 만들어 종류가 다양하지만, 솔잎을 떡과 함께 찐다는 공통점이 있어 송

▲ 송편

▲송기떡

---

5 조선 시대에, 농사철의 시작을 기념하는 음력 2월 1일을 명절로 이르던 말. 정조 20년(1796) 이날에 임금이 재상(宰相)과 시종(侍從)들에게 잔치를 베풀고, 중화척(中和尺)이라는 자를 나누어 주면서 비롯되었다.

▲ 소나무 수꽃이삭　　　　　　▲ 송홧가루

편이라 부릅니다. '송엽병(松葉餠)'이라고 부르기도 합니다.

송편에 관한 선조들의 생태 친화적인 면을 엿볼 수 있다고요?

그렇습니다. 송편을 찌기 위해서는 반드시 솔잎이 필요한데, 옛날 우리 할머니들은 꼭 날이 어두워진 후에야 솔잎을 땄다고 합니다. 날이 밝을 때 솔잎을 따면 소나무가 겁에 질려 아파하기 때문에, 미안한 마음에 소나무가 잠든 틈을 타 조심스럽게 솔잎을 딴 거죠. 조금이라도 덜 미안하게요. 얼마나 훌륭한 생각입니까, 나무도 하나의 인격체로 생각했다는 것이. 우리 선조들이야말로 생태 윤리의 선구자라는 생각에, 저도 모르는 사이에 자연을 대하는 자세를 배우게 됐습니다.

송편을 찔 때 소나무를 사용했다고 하셨는데, 소나무 자체가 떡의 재료로 사용되는 건 아니지 않나요?

소나무는 한국 사람이 가장 좋아하는 나무이기도 하지만 얼마 전까지만 해도 우리 숲의 절반 이상을 차지하는 나무였습니다. 그래서 손쉽게 구할 수 있는 소나무를 떡의 재료로 사용했던 거죠.

소나무를 이용한 떡을 소개하자면, 소나무의 속껍질인 송기(松肌)[6]를 곱게 가루로 만든 다음 찹쌀가루와 섞어 반죽을 만들고, 거기에 잣 소를 넣어 빚은 뒤 참기름에 지진 '송기떡'과 소나무 속껍질을 삶아 우려낸 뒤 다시 말려 가루로 만든 다음 멥쌀가루와 섞어, 팥고물과 번갈아 쌓아 찐 '송피떡'이 있습니다. 이 떡은 은은한 소나무 향이 그대로 살아있어 운치가 느껴지는 떡입니다. 그리고 멥쌀가루에 송홧가루를 섞고 꿀물을 넣은 뒤 반죽한 다음 잣가루와 섞어 찐 '송화편' 등이 있습니다.

---

[6] 소나무의 속껍질, 전라도 방언으로는 생키라고 한다. 소나무 껍질을 벗기면 하얀 부분이 나오는데, 여기를 칼로 긁으면 얇은 막같이 줍이 나온다. 이 부분에서 산뜻한 단맛이 난다. 필자도 어렸을 때 주전부리로 가끔 먹었던 기억이 있다.

▲ 느티나무

**느티나무로 떡을 만들어 먹었다고요?
처음 듣는데요. 어떻게 만드는지 궁금하네요.**

연한 느티나무 잎을 멥쌀가루와 섞어 버무린 다음, 팥고물과 번갈아 쌓아 찐 설기떡을 '느티떡', 혹은 유엽병(楡葉餠)이라고 부릅니다. 3~4월에 돋아나는 느티나무의 어린 새싹은 독이 없고 향이 좋기 때문에 떡에 섞어 찌면 느티나무 잎의 향기가 집안에 가득 찬다고 합니다. 느티떡은 주로 사월 초파일 전후에 해먹는 대표적인 절식인데, 조선시대 정학유의 『농가월령가』[7] 사월령을 보면 초파일에 느티떡을 해먹는 것을 "파일날 현등함은 산촌에 불긴 하니 느티떡 콩진

---

[7] 조선 후기에 정학유가 지은 월령체 가사(歌辭). 권농(勸農)을 주제로 하여 농가에서 일 년 동안 할 일을 달의 순서에 따라 읊었다.

▲ 느티떡

▲갬떡

이[8]는 제때의 별미로다"라고 쓸 만큼 일반적인 민간의 풍습이었다고 합니다.

삼가는 음식이 많은 불가에서 떡, 국수, 두부는 스님의 얼굴에 저절로 웃음이 나게 한다는 의미에서 승소(僧笑) 혹은 삼소(三笑)라고 불립니다. 사월 초파일에 느티떡을 먹는 스님들의 행복한 얼굴이 상상됩니다.

지난번에 떡갈나무의 잎도 떡을 만드는데 사용한다고 하셨었죠?

함경도에서는 떡갈나무의 잎사귀로 싸서 찐 떡을 '가랍떡'이라고 합니다. 가랍떡이라는 이름은 떡갈나무의 함경도 사투리인 가랍나무에서 유래됐다고 합니다. 떡갈나무 잎에 떡을 싸 먹으면 차지고

---

8 이웃이나 길에서 만난 사람들에게 볶은 콩이나 찐 콩을 나눠주는 풍습으로, 경상도 말로는 '찐 콩'이라고도 한다.

여름에도 잘 쉬지 않는다고 합니다. 떡갈나무의 잎은 넓기 때문에 떡이나 밥을 싸기가 수월해 예전에 백두산 근처에 살던 나무꾼이나 백성들은 밥을 가지고 다닐 때 떡갈나무 잎에다 싸서 다녔다고 합니다. 또한 중국과 일본에도 단옷날 떡갈나무 잎에 떡을 싸 쪄먹는 풍습이 있습니다. 이것을 중국에서는 '박라병(薄羅餠)'이라고 부르고, 일본에서는 '가시와모치(柏餠)'라고 부른다고 합니다. 한때 우리나라는 떡갈나무 잎을 일본으로 수출하기도 했었습니다.

말씀하신 나무들 말고도
떡을 해먹을 수 있는 나무가 있을까요?

멥쌀가루에 도토리 가루를 넣고 반죽한 뒤 빚어 쪄낸 강원도의 '도토리 송편'과 메밀가루와 도토리 가루를 섞어 반죽한 다음 기름에 부쳐 먹는 '도토리 전병'이 있습니다. 감나무는 곶감으로 '감떡'과 '감 시루떡'을 만들 수 있고, '감말랭이 찰편'도 만들 수 있다고 합니다. 칡 전분으로는 '칡 떡'과 '칡 개떡'을 만들어 먹을 수 있고, 찐 찹쌀

▲ 가랍떡

▲망개떡

과 씨를 뺀 대추를 반죽한 뒤 콩고물에 묻혀 먹는 '대추 인절미'도 있습니다. 청미래덩굴 잎 2장에 떡 하나를 싸서 찐 것을 '망개떡'이라 하는데, 경상도에서는 청미래덩굴을 망개나무라고 부릅니다. 망개떡은 청미래덩굴 잎의 향이 떡에 배어들어 상큼한 맛이 나고, 여름에도 잘 상하지 않는다고 합니다. 이 밖에도 뽕나무 잎을 이용한 '뽕떡'과 '진달래 화전'도 있습니다.

'덕은 베풀어야 덕이고 떡은 나누어야 떡이다'라는 말이 있습니다. 떡이란 본래 나눠 먹는 것이었기 때문에, 어떤 이들은 떡의 어원이 '덕(德)'에서 왔다고 주장하기도 합니다. 독자 여러분들도 돌아오는 한가위에는 '떡을 돌리듯' 주변의 많은 분들과 따뜻한 정을 나누는 즐거운 시간이 되셨으면 좋겠습니다.

▲ 진달래화전

기름을 짜는 나무

유지(油脂)식물

종자로 기름을 짜는 나무에는 어떤 나무들이 있을까요?

기름은 흔히 동물성기름과 식물성기름으로 나뉘는데, 식물성기름이라고 하면 보통 참기름이나 들기름을 떠올립니다. 하지만 우리 선조들은 예로부터 숲속의 많은 나무 열매에서 기름을 추출해 식용, 약용, 미용 그리고 등불을 밝히는데 사용해왔습니다. 동백나무, 생강나무, 쉬나무, 쪽동백나무, 산초나무, 생달나무, 멀구슬나무가 대표적인 나무입니다. 이번에는 유지 수종 즉, 기름을 짜는 나무에 대해서 알아보겠습니다.

동백나무 종자로 기름을 짠다는 것은 알고 있었는데, 생각보다 많은 나무로 기름을 짤 수 있네요?

맞습니다. 동양의 올리브나무라 할 수 있는 동백나무를 이용해 짠 동백기름은 어두운 밤에 등불을 밝히는데 사용하기도 하고, 옛 여인들의 머리를 단장하는 머릿기름으로도 사용했습니다. 『조선왕조실록』을 보면, 단종 2년(1453년)에는 "동백기름은 지금부터 진상하지 말도록 하라"고 하였고, 중종 4년(1509년)에는 "창고에 납입하는 지방의 짙은 황색 유동 기름과 동백기름은 모두 줄이도록 하라"는 기록이 남아있을 만큼, 동백기름은 왕실에서조차 아껴 쓰는 고급 머릿기름이었습니다.

최근에는 웰빙(well-being)을 추구하는 사람들의 경향에 맞춰 동백기름이 하나의 산업으로 부상하고 있으며, 그 쓰임새도 화장품이나

▲ 동백나무 씨앗

식용유, 비누 등으로 다각화되고 있습니다. 그러므로 전남 강진, 해남, 장흥, 완도와 경남, 제주도처럼 대규모의 동백나무 자원을 가진 남부지방의 경우, 동백나무의 관광자원화와 경제적인 활용에 대해 보다 깊은 관심이 필요하다고 생각합니다.

동백나무가 자라지 않는 지방에서는
동백기름 대신 사용하는 나무가 있다고 들었는데요.

좋은 질문입니다. 동백나무가 자라지 않는 중부 이북 지방에서는 동백기름을 대신하여 쪽동백나무 기름이나 생강나무 기름을 사용했습니다.

쪽동백나무 기름은 머리에 생긴 이를 완전히 없앨 수 있을 정도로 효과가 좋다고 전해지며, 등잔불을 밝히거나 양초, 비누 등을 만

▲ 쪽동백나무

▲ 생강나무 열매

드는 데도 사용됐다고 합니다. 쪽동백나무라는 이름은 쪽방, 쪽문을 뜻할 때 '작다'라는 의미로 사용되는 '쪽'과 동백나무의 합성어로, 기름을 짜는 '작은 동백나무'라는 의미를 가지고 있습니다.

　김유정의 단편소설 『동백꽃』으로 유명한 생강나무는 기름을 짜서 사용한다 하여 강원도에서는 '산동백'이나 '개동백'으로 불립니다. 이 소설을 보면 나와 점순이가 "한창 피어 퍼드러진 노란 동백꽃 속으로 폭 파묻혀 버렸다"라는 장면이 나오는데, 여기서의 노란 동백꽃이 바로 생강나무입니다. '정선아리랑'에도 동백이란 가사가 등장하는데 이것 역시 생강나무를 말하는 것입니다.

▲ 쉬나무

아우라지 뱃사공아 배 좀 건네주게.

싸리골 올동백이 다 떨어진다.

떨어진 동백은 낙엽에나 쌓이지.

사시장철 임 그리워 나는 못 살겠네.

아리랑 아리랑 아라리요.

아리랑 고개로 나를 넘겨주소.

'평양 기생은 동백기름만 머리에 바른다'라는 속설이 있을 정도로 생강나무 기름의 향기가 좋아, 예부터 여인네들의 고급 머릿기름으로 이용됐다고 합니다.

지금까지 주로 머릿기름에 대해서 말씀해주셨는데요. 다른 용도로 사용되기도 하나요?

기름 이야기를 할 때 등잔불을 빼놓을 수 없습니다. 우리나라에 전기가 처음 들어온 것이 1887년, 그리고 약 백여 년 전에 석유가 들어왔다고는 하지만 사오십 년 전만 하더라도 우리 안방의 등불을 밝혀주는 것은 대부분 주변에서 자급자족한 식물성기름이었습니다. 등유에 관한 기록은 『증보산림경제(增補山林經濟)』[9]에서 찾을 수 있는

---

9   조선 영조 42년(1766)에 유중림이 홍만선의 『산림경제』를 증보한 농가 일상의 필수적인 보감이다.

데, "참기름은 기름을 짜고 나서 오래 두면 향기가 없어지고 등불을 피워도 꺼진다. 반드시 수시로 짜서 쓰는 것이 좋다. 들기름으로 등불을 켜면 빛 무리가 생기지 않으며 기름이 맑고 기름의 양이 많이 나온다. 피마자기름은 부인들이 길쌈할 때 불을 밝히기는 하지만 독서하는 데에는 알맞지 않다. 반드시 눈을 상하게 한다. 머구나무(머귀나무)씨 기름은 등불로 쓰기에는 아주 좋지만 독서하지는 못한다. 눈이 상할까 염려된다."라고 기록하고 있습니다.

그렇다면 등잔불을 밝히는 기름 중 어떤 것을 가장 좋다고 여겼나요?

앞서 기록에서 볼 수 있듯이 들기름도 품질이 좋은 등유로 여기기는 했지만, 여러 문헌을 통해 확인해본 결과 쉬나무 기름이 가장 좋은 등유로 인정받았던 것 같습니다.

경상도 일부 지방에서는 쉬나무를 '소등(燒燈)나무'라고 부르는데 소등은 '불을 밝힌다'라는 뜻입니다. 쉬나무는 다른 열매보다 기름을 많이 얻을 수 있고, 그을음도 거의 없는 데다가 불빛 또한 밝고 깨끗하다고 합니다. 이러한 쉬나무의 장점이 알려지면서 우리나라의 거의 모든 성(城)과 선비가 많은 지방 등에 쉬나무를 심었다고 합니다. 그래서인지 조선시대의 양반들은 이사를 갈 때 쉬나무와 회화나무의 종자를 반드시 챙겨갔다고 합니다. 쉬나무 열매에서 짠 기름으로 등불을 밝혀 공부를 해야 했고, 가지의 뻗음이 단아하고 품위가 있는 회화나무는 학자의 절개를 상징했기 때문입니다.

식용이나 약재로 사용된
나무 종자 기름에 대해서도 알려주세요.

산초나무와 머귀나무 종자의 기름은 식용으로 사용이 가능했고, 초피나무 종자는 약용으로, 껍질은 향신료(香辛料)로 사용했습니다. 완도 등 주로 바닷가에 자라는 생달나무의 열매는 향료, 비누, 제과용 기름의 원료로 사용됐고, 서남해안에서 흔히 볼 수 있는 멀구슬나무의 노란 열매는 가을에 따서 완전히 말린 다음 기름을 내서 등유, 비누, 화장품, 항생제, 살충제, 항진균제 등으로 이용됐습니다.

기름으로 사용하기 위해 중국에서 들여온 유동의 기름은 동유(桐

▲ 멀구슬나무 열매

▲ 산초나무 종자

油)라 하여 인쇄, 잉크 등의 공업용으로 사용됩니다. 이 밖에도 호두나무, 비자나무, 개암나무, 잣나무의 종자에서 짠 기름도 식용이나 약용으로 사용되고 있습니다. 그리고 고대이집트의 미라를 수천 년 동안이나 썩지 않도록 한 '방부 물질'은 사실, 향나무가 아니라 참죽나무에서 추출한 기름이라는 것이 밝혀지기도 했습니다.

▼ 유동

진시황의 불로초인가?
황칠나무와 인삼 형제

**전라남도와 제주도 일부 지역에서만 자라는
특별한 나무가 있다고 하던데, 어떤 나무인가요?**

최근 몇 년 사이에 남부지방의 바다와 가까운 숲에 가면 낯선 나무가 많이 심어져 있는 것을 볼 수 있습니다. 잎의 모양이 오리발이나 삼지창처럼 갈라져 있어 사람들의 호기심을 자극하기도 합니다. 이번에는 전라남도 일부 지역과 제주도에서만 자라는 '진시왕의 불로초' 혹은 '나무 인삼'이라 불리는 황칠나무와 인삼이 속한 두릅나뭇과의 나무들에 대해서 알아보겠습니다.

황칠나무는 어떤 나무인가요?

두릅나뭇과에 속한 황칠나무는 전라남도 해남, 완도를 비롯한 서남해안과 제주도에서 자라는 난대성 상록활엽수입니다. 두릅나뭇과 식물은 세계적으로 80여 속 900여 종이 분포하고 있는데, 그중 황칠나무속(Dendropanax)은 동아시아속으로 30여 종이 분포하고 있으나 황칠나무의 경우, 우리나라에서만 자라는 특산식물입니다. 요즘에는 나무 인삼이라 하여 황칠나무 진액과 황칠차 등 주로 건강음료로 이용되고 있지만, 역사적으로 황칠나무의 껍질에서 나오는 노란색 수액은 황칠이라 하여 최고의 도료와 안식향(安息香)[10] 으로 사용되었습니다.

▼ 황칠나무

---

10 안식향나무의 나무껍질에서 나는 진액. 훈향(薰香), 방부제, 소독제 따위로 쓴다.

그렇다면 도료로써의 황칠나무는 어떤 위치인가요?

예로부터 황칠나무는 아주 귀했기 때문에 중국 자금성과 황족 외에는 사용을 금지했다고 합니다. 황칠나무는 동서양의 많은 문헌 속에 등장하는데, 마르코 폴로의 『동방견문록』을 보면, "칭기즈칸 테무진의 갑옷과 천막은 황금색으로 빛나고 있는데, 이는 '황칠'이라는 비기(秘技)를 사용했기 때문이다. 궁전과 집기류 등 황제의 것이 아니고는 사용하지 못했으며 불화살로도 뚫을 수 없는 신비의 칠이라고 전한다."라고 말하고 있습니다. 또 중국 당나라 『통전(通典)』에는 "백제의 서남쪽 바다 세 군데 섬에서 황칠이 나는데 수액을 6월에 채취하여 기물에 칠하면 황금처럼 빛이 난다."라고 쓰여 있다고 합니다.

황칠하면 옻칠과 나전칠기가 떠오르는데 황칠과 옻칠은 어떻게 다른가요?

'옻칠천년 황칠만년'이라는 말이 있습니다. 황칠은 황금을 더 황금같이 보이게 하고 천년만년 가게 한다는 의미를 가지고 있습니다. 그래서 황칠을 천금목(千金木)이라고 부르기도 합니다. 옻나무 수액은 공기와 접촉하면 갈색으로 변하지만, 황칠은 니스나 래커처럼 투명하면서 한 번 칠하면 오랫동안 은은한 금빛이 유지됩니다. 그 빛깔이 몹시 아름답고 나무나 쇠에 칠하면 녹이나 좀이 슬지 않으며 열에도 강합니다. 삼국시대에는 철제 투구나 갑옷, 화살촉 등에 발랐고, 고려시대에는 용포나 용상 등에도 쓰였다고 전해집니다. 다만 황칠도 옻칠과 마찬가지로 수액이 피부에 묻으면 옻이 오릅니다.

황칠의 가치와 도료의 우수성 때문에
산지의 백성들이 많은 어려움을 겪었다는 얘기도 있던데요?

그렇습니다. 황칠은 가치에 비해 공급이 부족했기 때문에 병자호란 이후에는 조선의 왕조차도 사용을 금하고 전량을 청나라로 보냈다고 합니다. 중국 자금성의 용상과 어좌를 비롯한 각종 집기류와 천장, 벽면을 모두 황칠로 칠했다고 하는데, 얼마나 많은 황칠액이 필요했겠습니까? 청나라에 대한 조공과 과도한 공납, 그리고 지방 관리의 횡포로 인해 황칠나무는 백성들에게 나쁜 나무로 인식됐고, 결국 농민들이 모두 베어내 멸종 단계에 이르기도 했었다고 합니다.

▲ 황칠나무 진액

다산의 『목민심서』 산림편에 당시의 상황을 이렇게 묘사하고 있습니다.

> "수탈을 견디다 못한 백성들은 황칠나무에 구멍을 뚫고 호초를 넣어 나무를 말라 죽게 하거나 밤에 몰래, 아예 도끼로 베어내 버렸다."

지난달 중국에서 황칠과 관련된
특별한 나무를 보셨다고 들었는데요?

네, 중국 귀주성 동인시 석천현의 금사남목[11]이라는 나무를 찾아 갔었습니다. 우리나라에 황칠나무가 있다면, 중국에는 황금나무라고 할 수 있는 녹나뭇과의 금사남목이 있습니다. 이 나무의 목재는 매우 단단하고 부식에 강하며 수명이 깁니다. 또한 질감이 아름답고 황금빛 광채가 나는 신비스런 나무입니다. 자금성 궁전 내부 목재와 장식재로 금사남목이 사용되었다는 기록이 있는데, 이러한 고급 재료의 마감재로 우리의 황칠을 칠해 궁전의 예술성과 존엄성을 높이는 역할을 했다는 것을 짐작할 수 있습니다. 이것은 앞으로 황칠나무의 가치를 재고하는 일과 난대숲 문화 콘텐츠를 개발하기 위한 좋은 연구 소재가 될 것이라 생각합니다.

---

11 중국 귀주성과 사천성에 분포하는 녹나뭇과 상록활엽교목으로 중국명은 정남(楨楠)이고 학명은 *Phoebe zhennan*이다. 금사남목(金丝南木)이라고도 부르는데, 이는 금빛을 내는 후박나무(南木)라는 의미이다.

황칠나무를 나무 인삼이라고 부르는 이유는 무엇인가요?

아시다시피 인삼은 우리나라를 대표하는 약초이며, 세계적으로 탁월한 성분과 효능, 효과가 입증된 약용식물입니다. 인삼의 주요 성분은 사포닌(Saponin)으로, 인삼이 속해있는 두릅나뭇과의 대부분의 식물이 자양, 강장 효과가 있는 사포닌 성분을 가지고 있어 약재로 많이 쓰입니다.

두릅나뭇과에는 두릅나무, 땃두릅나무, 인삼, 황칠나무, 오갈피나무류, 음나무, 송악, 팔손이 등이 있습니다. 이 중에 인삼, 황칠나무, 가시오가피의 학명에는 파낙스(panax)라는 명칭이 들어가 있습니다.

▲ 금사남목(*Phoebe zhennan*)

황칠나무의 학명은 '덴트로파낙스 모비페라(Dendropanax morbifera)'로, 그리스어로 덴트로(dendro)는 나무, 파낙스(panax)는 만병통치를 의미합니다. 따라서 인삼과 비슷한 성분을 가진 나무라 해서 나무 인삼이라 부르는 것입니다.

황칠나무에는 어떤 효과와 효능이 있나요?

황칠나무 전문가이자 관련분야 물질특허를 보유하고 있는 전남 대학교 정남철 교수와 우리나라에서 황칠나무를 가장 많이 심고 가꾸는 한국산림경영인협회의 이상귀 부회장에 따르면 황칠나무의 주요 기능성물질은 베타시토스테롤(beta-sitosterol)과 트리테르펜류

▲ 두릅나무

(Dendro panoxide)라는 것들입니다. 이것들이 나타내는 생리활성은 황칠의 효능과 유사하여 정혈 작용, 간 기능 개선, 항산화 작용, 뼈와 치아 등의 경조직 재생, 항균 작용, 항암 작용을 하며 조골세포의 증식을 도와 어린이의 성장을 촉진시킨다고 합니다. 황칠나무가 가지고 있는 안식향은 신경안정 작용을 하는데, 베타 셀리넨(β-selinene)은 세스퀴테르펜 탄화수소의 하나로 강력한 항산화물질로 알려져 있습니다. 이 성분은 전남 완도와 해남 두륜산 일대에서 자생하는 황칠에서만 나온다고 합니다.

▼ 전남대학교 정남철 교수가 개발한 황칠진액 황제황칠

절간의 필수품

염주를 만드는 나무들

**그동안은 염주를 봐도 아무 생각이 없었는데,
이제는 어떤 나무로 만들었을까 궁금해지겠는데요?**

숲 이야기를 하는데 무슨 염주에 대해 이야기하냐고 하시는 분도 있을 것 같은데요. 사실 불교는 나무의 종교라고도 말할 수 있습니다. 사라수[12] 숲에서 태어난 석가모니는 보리수[13] 아래에서 정각과 득도의 과정을 거쳤고, 사라수 아래에서 입적을 했다고 합니다. 그러므로 절간 스님들의 필수품이라 할 수 있는 목탁과 염주의 의미, 염주를 만들 수 있는 나무들에 대해 알아보는 것도 숲을 이해하는데

---

12 용뇌향과의 상록 교목. 석가모니가 열반할 때 사방에 한 쌍씩 서 있었던 사라수(沙羅樹)를 말한다.

13 뽕나뭇과의 활엽수의 하나. 석가모니가 그 아래에서 변함없이 진리를 깨달아 불도(佛道)를 이루었다고 하는 나무를 말한다.

의미가 있지 않을까 싶어 이야기의 주제로 정해봤습니다.

염주는 염불을 외울 때 사용하는 것으로 알고 있는데 맞나요?

염주(念珠)는 말 그대로 '생각하는 구슬'이라는 뜻입니다. 무슨 심오한 의미가 있는 것은 아니고 주로 염불 횟수를 세는 도구로 이용됩니다. 그래서 일본에서는 '염불을 세는 구슬'이라 하여 수주(數珠)라고 부르기도 합니다. 귀족들 중 많은 사람들이 부처님의 제자가 되기도 했으나, 재미있는 것은 목에 걸고 다니던 옥구슬로 꿴 애물을 버리지 못하거나 버리기를 망설여, 부처님의 제자가 되지 못한 사람들도 많았다는 것입니다. 이것을 알게 된 부처는 애물을 사치품으로 가지지 말고, 수행을 위한 도구로 사용하도록 하였는데, 이것

▼ 사라수(*Shorea robusta* Gaertn. f.)

에서 염주가 유래됐다고 전해집니다. 염주에는 세 가지 사용법이 있는데, 외출 시 목에 거는 법, 미얀마에서처럼 가슴에 사선으로 거는 법, 염불, 독경, 절을 할 때 손에 쥐는 법이 있습니다.

혹시 제가 알고 있는 염주 말고 다른 종류의 염주도 있나요?

염주는 길고 짧은 네 가지 종류가 있는데, 염주 알이 14개나 27개인 것을 '단주(短珠)', 54개인 것을 '중주(中珠)', 108개인 것을 '백팔염주(百八念珠)', 1,080개인 것을 '장주(長珠)'라고 부릅니다. 단주와 중주는 휴대용으로 쓰이고, 108염주는 기도나 염불용으로 쓰이며 목에 걸기도 합니다. 장주는 장시간 기도할 때나 천 배, 삼천 배의 절을 할 때 그 수를 헤아리기 위해 사용됩니다. 염주 알의 수는 108개가 기

▼ 인도보리수(*Ficus religiosa* L)

▲ 염주나무

본인데, '108'이라는 숫자는 백팔번뇌를 뜻합니다.

본격적으로 염주를 만드는 나무들에 대해 알아볼까요?

일반적으로 염주를 만드는 나무들을 통틀어 염주 나무라고 부릅니다. 보리자나무, 무환자나무, 모감주나무, 연꽃이 대표적인 염주 나무인데, 이것들의 종자를 각각 보리자(菩提子), 목환자(木患子), 금강자(金剛子), 연화자(蓮花子)라고 부릅니다. 통상 식물의 꽃을 어머니로 보기 때문에 종자에는 아들 자(子) 자가 붙는 경우가 많습니다.

그런가 하면 염주를 만드는 나무와 풀이라는 의미로 '염주'라는 어미를 가지는 경우도 있는데, 찰피나무의 변종 나무라고 판단되는

'염주나무(*Tilia megaphylla Nakai*)'와 벼과의 '염주'라는 풀이 여기에 해당됩니다.

보리자나무를 보리수라고 부르기도 하던데 이유가 있나요?

석가모니의 보리수인 인도보리수나무(*Ficus religiosa* L)는 기후 풍토가 맞지 않아 우리나라에서 살 수 없습니다. 따라서 이것을 대용할 목적으로 중국에서 가져다 사찰에 심은 것이 피나뭇과의 보리자나무입니다. 그렇기 때문에 우리는 이 나무를 보리수라고 부르는 것입니다. 구례 천은사 보리자나무가 명성이 높은데, 열매가 둥글둥글하고 사용할수록 윤기가 돌아, 스님들 사이에서는 천은사 염주를 얻는 것을 큰 영광으로 여긴다고 합니다.

▲ 보리자나무

▲ 모감주나무 종자

문재인 대통령이 방북했을 때 기념식수로 사용해 유명해진 모감주나무에 대해서도 소개해주세요.

무환자나뭇과의 모감주나무라는 이름은, 보살의 높은 경지에 오른 묘감(妙勘)이라는 주지의 법명에 구슬 주(珠)를 붙인 '묘감주'라는 말이 '모감주나무'가 되었다는 설이 있습니다. 서양에서는 모감주나무의 노란색 꽃이 비처럼 떨어지는 모습을 보고, 황금비나무(Golden Rain Tree)라는 아름다운 이름이 붙었다고 합니다. 개화기가 6월인 까닭에 자귀나무와 모감주나무의 꽃이 피면 장마가 시작된다는 속설도 있습니다.

예로부터 모감주나무는 귀한 식물로 여겨졌습니다. 중국에서는 왕에서 서민까지 묘지의 둘레에 심을 수 있는 나무를 정해두었는데, 학식과 덕망이 있는 선비가 죽으면 묘지 주위에 모감주나무를 심었습니다. 모감주나무의 씨는 돌처럼 단단하고 만지면 만질수록 윤기가 나기 때문에 큰 스님의 염주로 사용되었으며, 왕실에서는 예물로 주고받을 정도로 귀한 것이었다고 합니다.

무환자나무는 어떤 나무인가요?

모감주나무와 함께 무환자나뭇과에 속하는 무환자나무는 씨앗의 크기만 다를 뿐 모감주나무와 거의 비슷합니다. 중국의 한의서인 『본초습유(本草拾遺)』에서는 무환자나무를 무환자(無患子)라고 부르고, 『본초강목(本草綱)』에서는 목환자(木患子)라고 부릅니다.

무환자나무가 염주의 기원이라는 설도 있는데, 부처님이 변방의 작은 나라인 비사리국(毘舍離國)[14]의 파유리 왕(波瑠璃王)에게 "만약 고

---

14 고대 인도의 도시. 비하르 주(州)의 주도(州都)인 파트나 북쪽 갠지스강 중류에 있다.

▼ 무환자나무

뇌를 해결하고 싶다면 무환자나무를 깎아 만든 108개의 알을 한 줄로 꿰어 이 알을 헤아리면서 불법승[15] 삼보의 이름을 부르라"고 염불법을 가르쳐줬다고 합니다.

다른 나무로도 염주를 만들 수 있나요?

이 밖에도 찰피나무의 열매나 피나뭇과의 피나무로도 염주를 만들고 향나무, 박달나무, 흑단, 자단을 깎아서 염주를 만들기도 합니다. '벽조목'이란 벼락 맞은 대추나무를 뜻하는데, 한중(韓中) 수교 이후로 대추나무에 열과 압력을 가하는 방식으로 대량생산한 중국산 염주가 수입되기도 합니다. 나무 외에도 금속이나 옥, 수정, 진주로도 염주를 만들 수 있습니다.

천주교에서 사용하는 묵주와 염주는 어떻게 다른가요?

우리가 흔히 묵주(黙珠)라고 부르는 로사리오는 장미 화관을 뜻하는 라틴어 '로사리우스(Rosarius)'에서 유래한 가장 보편적이며 전통적인 기독교의 성물입니다. 그 모양은 구슬이나 나무 알 등을 10개씩 구분해 다섯 마디로 엮은 목걸이와 비슷하며, 그 끝에 십자가가 매달려 있습니다.

---

15 삼보(三寶)인 부처, 교법, 승려를 아울러 이르는 말이다.

수피(Sufi)라고 하는 회교 명상가들이 인도에서 수브하(subhah)[16]를 가져갔는데 이것이 십자군 전쟁 때 가톨릭으로 전해져 묵주가 되었다고 합니다. 다른 이야기로는 인도의 고대 우파니샤드 시대에 이미 염주가 등장해 힌두교의 염주가 불교의 염주로 발전하였고 천주교의 묵주는 불교의 염주에서 유래한 것이라는 주장도 있습니다.

---

16 이슬람교에서 사용하는 묵주와 비슷한 도구. '미스바하(Misbaha)', '타스비흐'라고도 한다. 수브하는 아흔아홉 개의 구슬로 만드는데, 이것은 경전 『꾸란(코란)』에 나와 있는 알라신의 아흔아홉 가지 이름을 의미한다.

메리 크리스마스
성탄절 나무들

크리스마스가 가까워졌는데요. 크리스마스트리와 장식에 사용되는 나무에 대한 이야기를 들려주실 수 없을까요?

크리스마스트리 장식은 17~18세기에 독일에서 유래됐다고 합니다. 부자들이 바깥에 있는 나무를 베어 집에 들여온 후 밀랍 촛불, 사탕, 사과 등으로 아름답게 장식한 것이 그 시초입니다. 다만 전구가 발명되기 전까지는 촛불을 사용했기 때문에 늘 화재의 위험이 있었습니다.

1880년 크리스마스에 토마스 에디슨(Thomas Alva Edison)이 전구를 줄에 이어 자신의 뉴저지 연구소 밖에 걸었으며, 1882년에는 에디슨의 친구이자 동업자인 에드워드 히버드 존슨(Edward Hibberd Johnson)이 빨강, 파랑, 하양 전구 80개를 이어 크리스마스트리를 장식했다는 기록이 있습니다.

크리스마스트리에는 어떤 나무들이 쓰이나요?

크리스마스트리에는 전통적으로 전나무나 독일가문비나무를 가장 많이 사용했습니다. 독일민요 '오 탄넨바움(O Tannenbaum)'은 독일에서 가장 사랑받는 성탄절 노래인데, 독어로 탄넨바움이라 불리는 전나무를 예찬한 곡입니다. 크리스마스 때마다 들을 수 있는 우리나라의 동요 '소나무야'는 이 곡을 번안한 것입니다. 그렇지만 요즘은 한국 원산인 구상나무가 크리스마스트리로 가장 인기를 끌고 있습니다. 장식물과 소품으로는 호랑가시나무와 포인세티아, 겨우살이가 많이 사용됩니다. 제가 어렸을 때는 어린 소나무를 베어다가 크리스마스트리를 만들기도 했습니다.

▼ 독일 마켓에서 판매하는 크리스마스트리

크리스마스트리로 구상나무의 인기가 높은 이유는 무엇일까요?

 예전에 사용하던 전나무와 독일가문비나무는 키가 너무 커서 일반 가정에서 사용하기에는 불편함이 있었습니다. 하지만 구상나무는 아담하기 때문에 활용도도 높고 차 트렁크에 넣어갈 수도 있어 주부들이 아주 좋아한다고 합니다. 거기다가 수형이 전형적인 삼각형 모양이라 상록침엽수 중에서도 가장 아름답습니다. 또한 여백이 없을 정도로 잎이 빽빽한 전나무와 달리 구상나무는 견고한 가지 사이로 틈이 있어, 장식을 달기에 적합하고 상쾌한 피톤치드 (phytoncide) 향도 진하게 나기 때문에 인기가 좋습니다.

▼ 구상나무(무등산)

그렇다면 왜 다른 나라가 아닌 우리나라의 구상나무가 외국에서 크리스마스트리로 인기가 좋은 걸까요?

소나뭇과의 상록교목인 구상나무의 학명은 아비에스 코리아나(Abies koreana)입니다. 학명에서 알 수 있듯이 한국 특산종이며 세계자연보전연맹(IUCN)에서 멸종위기종으로 지정한 나무입니다. 미국과 유럽에서는 '한국전나무'란 뜻인 코리안 퍼(Korean fir)로 더 유명합니다.

구상나무는 프랑스인 신부 에밀 타케(Emile J. Taquet)[17]에 의해 프랑스 등지에 표본으로 보내졌는데, 이것에 관심을 가진 미국 하버드대 부설 아널드수목원 소속 아시아 담당 식물학자 어니스트 윌슨(Ernest Henry Wilson)[18]이 이 씨앗을 가져가 연구한 뒤 1920년 세계식물학회에 발표를 하게 됩니다. 동아시아의 식물 권위자였던 윌슨은 구상나무로 수십 종의 개량 나무를 만들었는데, 국립생물자원관에 따르면 현재 90종 이상의 구상나무 품종이 미국과 캐나다, 영국, 아일랜드, 네덜란드 등 백여 개국의 종묘사에서 판매되고 있는 것으로 조사되었다고 합니다.

---

17 사제, 식물학자. 구한말부터 한국에서 선교를 한 에밀 타케(1873~1952년) 신부는 파리외방전교회 소속으로, 구상나무를 채집해 세계에 알리고 왕벚나무의 자생지를 밝혀내기도 했다.

18 영국의 식물수집가. 동양, 특히 중국의 식물을 수집하여 영국과 미국에 이식, 차이니즈 윌슨(Chinese Wilson)이라 불렸다. 평생 천 종 이상의 야생식물 재배에 성공하였다.

이런 귀중한 나무가 기후변화 등의 여러 가지 이유로 50% 이상 고사해, 멸종위기에 처해 있다고 하니 참 안타깝습니다.

지난번에 호랑가시나무에 대해 알려주셨는데, 호랑가시가 크리스마스 장식으로 사용되게 된 이유는 무엇인가요?

서양에서는 호랑가시나무를 예수의 가시나무라는 뜻으로 크라이스츠 쏜(Christ's Thorn)이라고 부르며, 중국에서는 성탄수(圣诞树)라고도 부릅니다.

고대 켈트족들의 연말연시 풍습 중 하나가 가시나무나 상록수의

▲ 호랑가시나무

가지를 문 앞에 걸어두는 것이었는데, 이때 호랑가시나무가 많이 사용되었다고 전해집니다. 나중에는 예수의 죽음과 관련된 가시면류관과 그 의미가 결합되어, 예수가 흘린 피의 상징으로 붉은 열매가 사용됐습니다. 호랑가시나무의 특성상 크리스마스 즈음에 빨간 열매를 맺는데, 잎이 두꺼워 절단된 상태로 장식하여도 오랫동안 푸르게 유지된다는 장점이 있어, 크리스마스 장식으로 사용된 것입니다.

크리스마스트리나 장식으로 사용되는 다른 나무도 있을까요?

성탄절, 서양에서는 황금빛이 감도는 겨우살이과 상록기생관목 겨우살이의 가지를 걸어놓고 그 밑에서 입맞춤을 하는 풍습이 오늘날까지 남아있습니다.

겨우살이는 서양의 신화에서 성스러운 나무로 여겨지는데, 영국의 인류학자이자 민속학자인 제임스 조지 프레이저(James George Frazer)[19]는 그의 저서 『황금가지』에서 아이네이아스가 황금가지를 꺾은 나무는 겨우살이라고 추측할 수밖에 없다고 주장하면서, "아이네이아스(Aeneas)가 겨우살이를 황천의 문을 여는 '열려라 참깨'로 사용했다고 생각해도 무리가 없을 것"이라고 쓰고 있습니다.

이른바 '크리스마스 꽃'이라고 불리는 대극과 상록관목인 포인세

---

[19] 스코틀랜드의 민속학자로 민족학, 고전문학의 자료를 비교·정리하여 주술(呪術)·종교의 기원과 진화의 과정을 명확히 하려 했다. 저서인 『황금가지』에서 인간의 문명이 미신과 주술에서 종교로, 종교에서 과학으로 진행되어 왔다고 역설했다.

티아(Poinsettia)는 해가 짧아지고 기온이 내려가면 잎이 아름답게 착색되어 관상 가치가 높아지는데, 성탄절을 전후해서 개화하는 특성이 있어 미국과 유럽에서는 전통적인 크리스마스 장식화로 알려져 있습니다. 화원에 가시면 쉽게 볼 수 있습니다.

나무를 괴롭히는 것 같다고 해서 크리스마스트리를 좋지 않은 시선으로 보는 분도 있는 것 같던데요.

크리스마스트리가 겨울철 휴면기에 들어간 나무에 상당한 스트레스를 준다는 설이 있습니다. 맞는 말이기도 하고, 틀린 말이기도 합니다. 산림과학원에 따르면, 도심 가로수의 화려한 야간 조명은 과학적으로 나무에게 아무런 영향도 미치지 않는 것으로 나타났습니

▼ 겨우살이(*Viscum album*)

다. 다만 야간 조명 전구의 경우 나무들이 완전히 휴면 상태가 되는 12월부터 설치를 하는 것이 좋고, 늦어도 2월 말까지는 철거를 마치는 것이 좋습니다. 왜냐하면 장기간 전구를 설치해둘 경우 전구에서 나오는 열로 인해 나무에 상당한 피해를 입힐 수 있기 때문입니다. LED 조명을 사용할 경우 발열을 크게 줄일 수 있습니다.

크리스마스트리를 현명하게 선택할 수 있는 방법이 있을까요?

외국처럼 크리스마스트리용 나무를 심어서 판다면 나무 시장에서

▼ 포인세티아

사다 쓰는 것이 가장 좋겠지만, 우리나라의 경우 진짜 나무로 된 크리스마스트리를 파는 곳은 많이 없습니다. 그렇기 때문에 인공 나무를 사용하게 되는데, 가능하면 PVC[20] 제품 보다는 폴리에틸렌[21] 플라스틱 제품을 사용하는 것이 좋습니다. PVC 제품은 재활용이 불가능하고 건강과 환경에 좋지 않은 영향을 주며 납을 비롯한 유해 첨가물이 포함되어 있을 수 있습니다. 그에 비해 폴리에틸렌 플라스틱 제품은 PVC 제품보다 유해 물질이 덜 들어있다고 합니다. 그리고 한 번 사면 환경을 생각해 적어도 10년 이상, 오랫동안 사용하는 것이 좋겠습니다.

---

20 염화 비닐의 단독 중합 또는 염화 비닐을 50% 이상 함유한 혼성 중합으로 얻어지는 고분자 화합물. 산에는 강하지만 알칼리에는 약하다. 경질(硬質) 파이프 · 판자 · 성형품(成型品) · 합성 섬유 따위에 쓴다.

21 에틸렌을 중합하여 만드는 열가소성 수지. 내약품성 · 전기 절연성 · 방습성 · 내한성 · 가공성이 뛰어나 절연 재료 · 그릇 · 잡화 · 공업용 섬유 · 도료 따위에 쓰인다.

딸을 낳으면 심는 나무

오동나무

가을이 깊어 가네요. 출근하면서 최현의 오동잎이라는 노래를 들었는데, 주제와 딱 맞는 것 같네요.

그렇습니다. 우리나라도 한자 문화권이라 오동나무와 벽오동에 대해 오해가 있기도 하지만, 딸을 낳으면 집과 가까운 곳에 오동나무를 심는다는 속설이 있을 정도로 친숙한 나무입니다. 또한 전설의 새 봉황이 깃드는 성스러운 나무로도 여겨집니다.

오동나무는 예로부터 가을을 상징하는 나무이기도 했습니다. 나무 중에는 오동나무의 잎이 가장 먼저 지기 때문에, 가을의 전령사 같은 나무라고 할 수 있죠. 그럼 오동나무와 벽오동에 대해서 알아볼까요.

오동나무는 어떤 나무인가요?

현삼과 오동나무속에 딸린 참오동나무는 중국 원산으로 20m까지 자라는 낙엽교목입니다. 4~5월에 연한 홍자색의 꽃이 피는데 화관 아래쪽 열편에 자주색 줄무늬가 있습니다.

중국에서는 모포동(毛泡桐)이라고 부르는데, 현삼과 포동속(Paulownia)으로 분류합니다. APG III 시스템[22]에서는 오동나무를 현삼과와 나눠 오동나무과(Paulowniaceae)로 분류하기도 합니다.

---

[22] APG III 분류체계, 속씨식물을 분류하는 근대적 식물 분류체계 중 하나이다.

▼ 오동나무

▲ ⓐ 오동나무 ⓑ 참오동나무 ⓒ 꽃개오동 ⓓ 개오동

한국 고유종으로 알려진 오동나무(Paulownia coreana Uyeki)는 참오동나무와 크게 다르진 않지만 잎 뒷면에 갈색 털이 있고, 화통에 자주색 세로무늬가 없다는 점이 다릅니다. 그러나 참오동나무와 동일한 종으로 보는 견해가 많기도 하고, 해외에서는 참오동나무의 변종으로 보기 때문에 'Paulownia tomentosa var. coreana'라고 표기하는 것이 일반적입니다. 안타깝지만 저도 오동나무를 우리의 고유종이라고 주장하는 것은 무리라고 생각합니다.

▲ 벽오동 단풍

오동나무를 가을의 전령사라고 하신 까닭은 무엇인가요?

중국의 『시전명물집람(詩傳名物集覽)』에 "오동나무 잎사귀 하나가 떨어지면, 천하 모두가 가을이 온 것을 안다.(桐一葉落 天下盡知秋)"라는 말이 있습니다. 또한 이현보(李賢輔)의 『농암집(聾巖集)』에도 "오동나무 잎 지고 느릅나무 단풍 드니 군영에 가을바람 어느새 서늘하다"라는 구절이 나옵니다. 여러 나무 중에서도 오동나무의 잎이 가장 먼저 진다고 하니 오동나무는 가을의 전령사가 맞는 것 같습니다.

오동나무와 벽오동은 어떻게 다른가요?

벽오동과에 속하는 벽오동은 중국, 타이완, 일본 원산의 낙엽교목으로, 키가 15m 정도까지 자라고 잎은 셋에서 다섯 갈래로 갈라지며 꽃은 6~7월에 핍니다. 열매는 삭과(殼果)[23]로 성숙하기 전에 5개로 갈라져서 둥근 종자가 드러나는데 이 종자를 볶아서 커피 대용으로 이용하기도 합니다. 벽오동과에 속하는 대표적인 나무 중에는 카카오도 있으니 카페인 성분이 포함되어 있을 거라 생각됩니다. 중국 이름으로는 오동(梧桐)이라고 부릅니다. 벽오동(碧梧桐)이란 국명은 줄기가 푸른 오동나무라는 의미를 가지고 있습니다.

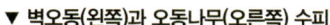

▼ 벽오동(왼쪽)과 오동나무(오른쪽) 수피

---

[23] 익으면 과피(果皮)가 말라 쪼개지면서 씨를 퍼뜨리는, 여러 개의 씨방으로 된 열매를 말한다.

처음에 말씀하신 봉황이 머문다는 나무가 오동나무인가요? 벽오동인가요?

『장자(莊子)』의 추수(秋水)편에 "비오동부지(非梧桐不止), 비련실불식(非練實不食), 비예천불음(非醴泉不飮)"이라는 구절이 있습니다. '봉황은 오동나무가 아니면 앉지도 않고 대나무 열매가 아니면 먹지도 않고 예천(醴泉)이 아니면 마시지도 않았다'라는 의미입니다. 봉황(鳳凰)은 상서롭고 고귀한 뜻을 지닌 상상의 새로, 고대 중국에서 신성시했던 기린·거북·용과 함께 사령(四靈)의 하나로 여겨졌습니다. 수컷을 봉(鳳), 암컷을 황(凰)이라고 합니다.

봉황이 머문다는 오동나무는 벽오동입니다. 벽오동의 중국 이름이 오동(梧桐)이라 우리나라에서 오동나무로 오해를 하게 된 것입니다. 우리가 알고 있는 오동나무의 중국 이름은 모포동(毛泡桐)입니다.

우리 선조들이 오동나무와 벽오동을 구분하지 못해 이런 일이 벌어졌을까요?

일반인을 제외하더라도, 오동나무와 벽오동을 구분할 줄 아는 사람들은 옛날부터 많았던 것 같습니다. 작자 미상의 시조에 이런 것이 있습니다.

<blockquote>
벽오동(碧梧桐) 심은 뜻은
봉황(鳳凰)을 보려터니
</blockquote>

> 내 심은 타신디
>
> 기다려도 아니 오고
>
> 무심(無心)한 는 탓인지
>
> 기다려도 아니 오고
>
> 일편명월(一片明月)이
>
> 븬 가지에 걸녀셰라

이 시조에서는 봉황이 앉는 나무를 분명하게 벽오동이라 적고 있습니다. 『성호사설』 제4권 「만물문(萬物門)」을 보면 어떤 손님이 "오동(梧桐) 중에 벽오동(碧梧桐)이란 것이 있는데 오동과 종류가 다르다"라고 말하고 있습니다. 『조선왕조실록』에 실린 연산군의 시에도 벽오(碧梧)라는 말이 나옵니다. 또한 『본초강목』에서는 "오동(梧桐)은 벽오동을 말하고, 동(桐)은 오동"이라 해서 오동나무와 벽오동을 명확히 구분하고 있습니다. 상당히 놀라운 부분입니다.

이야기를 나눠보니 유독 동양 문화권에서 봉황과 오동나무를 많이 연관 짓는 것 같은데요.

맞습니다. 한국, 중국, 일본은 봉황과 오동나무가 연관된 문화가 많습니다. 다만 한국은 봉황을 더 선호하고 일본은 오동나무를 더 좋아합니다. 그 근거로 우리나라 대통령을 상징하는 문양이 봉황인 데 반해, 일본은 황실에서부터 이름 있는 가문까지 국화문(菊紋)과

▲ 한국 봉황문　　　　　　　▲ 일본 오동나무문

더불어 오동나무문(桐紋)을 사용했습니다. 일본 총리를 상징하는 문양도 역시 동문입니다. 거기다가 일본은 동전에도 오동나무를 새기고 화투에 오동나무와 봉황을 등장시키기도 했습니다.

옛날에는 딸을 낳으면 오동나무를 심었다던데 그 이유가 무엇인가요?

옛날 우리 선조들은 아들을 낳으면 산에다 소나무나 잣나무를 심었고, 딸을 낳으면 집과 가까운 곳에 오동나무를 심었다고 합니다. 요즘 말로 하자면 출생수(出生樹)인 셈입니다. 오동나무는 성목이 되면 가장 중요한 혼수품인 장롱을 만들 수 있어 출가목(出嫁木)이라고 불리기도 합니다.

오동나무는 속성수라고 알고 있는데, 심고 얼마나 지나야 목재로 사용할 수 있나요?

오동나무는 15~20년 정도면 목재로 사용할 수 있을 만큼 성장이 빠릅니다. 오동나무 목재는 가볍고 습기를 머금지 않으며 뒤틀리거나 불에 잘 타지 않는데다 벌레가 먹지도 않는 좋은 목재입니다. 더군다나 가공이 쉽고 음향 전도가 잘 되어 전통 가구재나 곡식을 넣어 두는 뒤주, 거문고 등의 악기 재료로도 이용되었습니다.

오동나무는 줄기 가운데에 구멍이 뚫려 있어 좋은 목재를 얻기 위해서는 특별한 방법이 필요했습니다. 그 방법은 오동나무를 심고 세 번을 자르는 것인데, 이렇게 하면 속이 꽉 찬 고급 목재를 얻을 수 있습니다. 원줄기를 한 번 잘랐을 때 잘려진 줄기를 모동(母桐)이라고 하고, 새로 돋은 줄기를 자동(子桐), 다시 잘라 나온 줄기를 손동(孫桐)이라 합니다.

오동나무는 일상생활에도 많이 이용된다고요?

살충제가 없었던 옛날에는 오동잎을 사용해 재래식 화장실의 구더기를 죽였습니다. 또한 오동나무로 만든 쌀통은 벌레가 꼬이지 않는다 하여 인기를 끌었습니다.

옛날에는 장례를 지낼 때 상장(喪杖)을 사용했는데, 상장은 상례나 제사 때 짚는 지팡이로 저장(苴杖)과 삭장(削杖)으로 나뉩니다. 대나무로 만드는 저장은 부친상에 사용하고, 오동나무로 만드는 삭장은 모친상에 사용하는데 위는 둥글게, 아래는 모나게 만듭니다. 어머니를 위해 오동나무 상장을 사용하는 까닭은 동(桐)은 동(同)이라 하여 내심(內心)의 비통(悲痛)함이 아버지의 상과 같다는 뜻을 취한 것이라고 합니다. 제주도에서는 모친상에 머귀나무로 만든 상장을 사용하는데, 이를 보통 방장대나 상장대라고 부릅니다. 제주도 방언으로 머구낭이라고 부르는 머귀나무에는 작고 강한 가시가 돋아있어 장례시 어머니의 희생과 사랑을 회상하라는 의미가 담겨 있다고 합니다.

▲ 대나무 상장

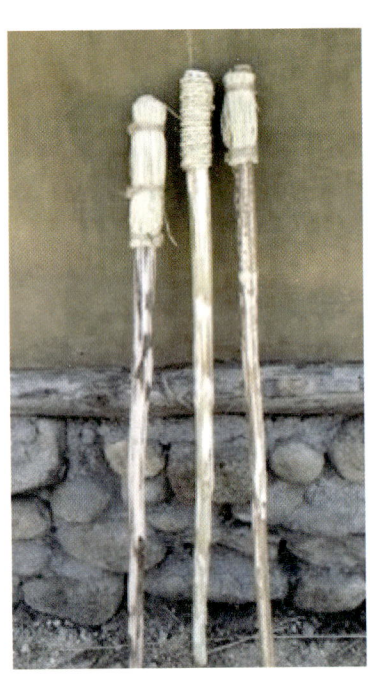

▲ 오동나무 상장

물은 숲을 키우고 숲은 물을 낳는다
숲과 물

**세계적인 물 부족 문제와 숲의 물 저장 기능이라니,
어떤 이야기를 해주실 건가요?**

  지구는 완벽에 가까울 만큼 자율적인 물 조절 시스템을 갖추고 있습니다. 그런데 이러한 물 조절 시스템이 무너지고 있습니다. 유엔 산하 밀레니엄 프로젝트가 발표한 보고서에 따르면 현재 약 7억의 인구가 물 기근을 겪고 있고, 2025년에는 약 30억의 인구가 물 기근을 겪을 것이라고 전망했습니다. 우리나라도 예외는 아니어서 이미 물 부족 국가가 되었습니다. 숲은 이러한 지구의 물 기근과 물 부족 현상을 해결할 수 있는 대안입니다.

지구의 물 조절 시스템이 무너졌다니, 그 원인이 뭔가요?

물 부족난이 가중되고 있는 가장 큰 원인은 기후변화입니다. 그런데 기후변화의 주범은 누구일까요? 바로 인간입니다. 지나친 화석연료의 사용과 산림파괴는 지구를 불덩이로 만들어 버렸습니다. IPCC[24] 5차 평가 보고서에 따르면 오늘날 지구를 위협하는 기후변화는 '인간 활동에 기인할 가능성이 95% 정도'라고 합니다. 두 번째는 물 사용량의 증가입니다. 지난 세기, 두 배로 늘어난 인구에 비해 물 사용량은 6배 이상 증가했습니다. 지구의 물 총량은 14억㎦인데 97.5%가 바닷물이고 담수는 2.5%에 불과합니다. 더군다나 담수의 약 70%는 빙하, 만년설, 영구동토 등이라 사실상 사용이 어렵습니다. 남은 30%의 담수 중 우리가 손쉽게 이용할 수 있는 것은 호수나 하천 정도로, 전체 담수의 0.39%에 불과하다고 합니다.

우리나라가 물 부족 국가라니 이해가 안 됩니다. 물 기근 국가와 물 부족 국가의 차이는 무엇인가요?

물 기근 국가는 1인당 물 사용 가능량이 1,000㎥ 미만인 나라를 말하고, 물 부족 국가는 1인당 물 사용 가능량이 1,000㎥ 이상 1,700㎥ 미만인 국가를 말합니다. 미리 말씀드리자면, 우리나라의 1인당 재

---

[24] 기후변화와 관련된 전 지구적 위험을 평가하고 국제적 대책을 마련하기 위해 세계기상기구와 유엔환경계획이 공동으로 설립한 유엔 산하 국제 협의체(Intergovernmental Panel on Climate Change)이다.

생 가능 수자원량은 1,488㎥에 불과하기 때문에 물 부족 국가에 속합니다.

우리나라는 비가 많이 오는 편 아닌가요? 왜 물이 부족할까요?

우리나라의 연평균 강수량은 약 1,300㎜로 세계 평균 강수량인 807㎜의 1.6배에 달합니다. 하지만 우리나라의 경우 인구밀도가 높기 때문에 1인당 연강수량 총량은 2,629㎥로 세계 평균의 약 6분의 1밖에 되지 않는다고 합니다. 물이 부족하다기 보다는 물을 소비하는 인구가 굉장히 많다는 의미입니다.

또한 강수량의 72%가 홍수기에 편중되는데다가, 한 해 동안 유입되는 물의 총량인 1240억㎥ 가운데 절반에 가까운 42%(517억㎥)는 증발하고 나머지 58%(723억㎥)만 하천으로 흘러갑니다. 하천으

▼ 지리산 피아골

로 흘러간 물 중에서도 31%(386억㎥)는 바다로 빠지기 때문에, 겨우 27%(337억㎥)만 이용이 가능합니다. 하지만 그것도 농업용수, 하천유지용수, 공업용수를 제외하면 생활용수로 사용할 수 있는 물은 겨우 23%(76억㎥)에 불과합니다.

생각보다 심각하네요. 무슨 대안이 없을까요?

그 해결책이 바로 숲입니다. 흔히 숲을 녹색 댐이라고 하지 않습니까? 우리나라의 숲이 저장할 수 있는 물의 양은 우리나라 수자원 총량의 5%인 192억 톤입니다. 이 양은 국내에서 가장 큰 댐인 소양강댐을 10개나 지어야 얻을 수 있는 양입니다. 또한 이것은 세계에서 가장 깊은 화산 호수인 백두산 천지를 10번이나 가득 채울 수 있

는 양이기도 합니다. 숲이 머금는 물은 1년 내내 흘러나오기 때문에 대부분을 이용할 수 있습니다. 그래서 녹색 댐이 공급하는 물의 양은 우리나라 수자원 총 이용량의 58%에 달합니다.

그렇다면 녹색 댐의 기능을 높이면 물을 더 많이 저장할 수 있겠네요. 물 저장 능력을 높일 방법이 있을까요?

가장 단순하지만 어려운 방법이 있는데, 그것은 숲을 잘 가꾸는 것입니다. 사실 물을 저장하는 곳은 나무의 뿌리가 아니라 숲속의 흙인 산림토양입니다. 산림토양 속에는 공극이라고 하는 미세한 공간이 많이 있습니다. 바로 이 토양 속 공극에 빗물이 저장됩니다. 그러므로 물을 많이 저장할 수 있는 토양을 만들기 위해서는 나무를

▼ 전남 영광 불갑산

심을 때부터 철저한 계획이 세워야 합니다. 나무의 뿌리가 다양한 깊이로 자랄 수 있도록 참나무나 소나무같이 뿌리가 깊은 나무, 낙엽송과 녹나무처럼 뿌리가 중간 깊이인 나무, 전나무와 느티나무처럼 뿌리가 얕은 나무들을 섞어서 심는 것이 좋습니다. 또한 윗부분에는 소나무, 은행나무, 밤나무 같은 양수를 심고 아랫부분에는 음지에서도 잘 자라는 동백나무 같은 나무를 심어 복층림을 만들면 숲이 저장할 수 있는 물의 양을 12%나 증가시킬 수 있습니다. 물론 가지치기와 솎아베기 등의 숲 가꾸기도 필요합니다.

침엽수와 활엽수 중 어떤 나무가 물을 더 많이 저장하나요?

1년 동안 내린 총 강수량 중 나뭇잎이나 가지에 차단되어 증발되거나 증산에 의해 소비되는 물의 양은 침엽수림이 54%, 활엽수림이 37%로 침엽수림이 더 많습니다. 이것은 침엽수림의 단위 면적당 잎 면적이 활엽수림보다 크고, 잎이 달려 있는 기간도 6개월에 불과한 활엽수와 다르게 1년 내내 달려 있기 때문입니다. 또한 활엽수림은 침엽수림보다 낙엽 분해 속도가 빨라서 토양공극 발달에 도움을 줍니다.

**옛날에 비해 숲이 울창해졌다는 느낌이 드는데요,
왜 계곡의 물은 줄어든 것 같을까요?**

아주 좋은 질문입니다. 숲이 지나치게 우거지면 숲의 빗물 손실량이 커집니다. 전문가에 따르면 우리 산림은 나무가 많기 때문에 물을 많이 흡수해 흐르는 물의 절대량이 줄어들었다고 합니다. 산림녹화에는 성공했지만 역설적으로 물 부족 현상이 나타났다는 것입니다. 백 년 전만 해도 가뭄과 상관없이 지하수가 유지됐었는데, 지금은 그 지하수마저 고갈되고 있다는 사실이 이를 반증합니다. 숲은 저금통처럼 물을 저장하지만 물을 소비하는 소비자이기도 합니다. 그러므로 나무를 심는 것만큼 숲의 효율성을 높이는 숲 가꾸기가 이제는 필요합니다.

5장
우리 숲의 미래, 난대숲

소중한 산림자원
난대숲

이번에는 우리나라의 귀중한 산림자원이라고 할 수 있는 난대림에 대해 알려주신다고요?

우리나라의 서남해안은 비교적 온화한 기후와 함께 다른 지역에는 없는 난대숲이라는 매우 소중한 산림자원을 가지고 있습니다. 이 지역에 분포하는 상록활엽수림은 광택이 나는 잎과 독특한 향기, 매혹적인 열매로 사람들의 오감을 자극하는데, 푸른 바다, 기암괴석들과 완벽한 조화를 이뤄 독특한 경관을 연출하고 있습니다.

기후변화로 인해 지구가 몸살을 앓고 있는 오늘날의 위기상황에서 난대림, 즉 난대성 상록활엽수의 중요성과 그 가치가 그 어느 때보다 높아지고 있습니다. 그러면 우리나라 난대숲의 분포와 개념에 대해 알아보고 난대숲을 구성하는 주요 나무들에 대해 자세히 알아보도록 하겠습니다.

난대림에 대해 자세히 알려주세요.

산림대는 크게 한대림, 온대림, 난대림으로 나뉩니다. 이 중 난대림은 연평균 기온이 14℃ 이상, 1월 평균기온이 0℃ 이상, 강수량은 1,300~1,500㎜라는 조건을 가지고 있으며, 북위 35도 이남의 남해안과 제주도, 울릉도 등 일교차가 적고 온화하며 강수량이 많은 지역에서만 볼 수 있는 독특한 상록활엽수림을 말합니다.

좀 더 구체적으로 말하자면, 해발 700m 이하의 제주도 지역, 전남 완도, 보길도, 진도, 고흥 등과 경남 거제, 남해안 일부 지역 그리고 전남 해남, 나주, 강진, 광양, 장성, 장흥, 전북 고창 일부 지역 등의 내륙지역이 우리나라의 난대림 분포 지역입니다.

난대림에는 어떤 식물들이 자라고 있을까요?

우리나라에는 약 4,000종의 식물이 분포하는데, 이 중 약 7.8%에 해당하는 323종의 난대 상록식물이 난대림에서 자라고 있습니다. 최근 지구온난화로 인한 기온 상승으로 난대수종 분포 지역이 확대됨에 따라 이에 대한 수요 또한 증가할 것으로 전망됩니다.

주요 수종을 살펴보면, 가장 많은 것이 참나뭇과 가시나무류에 속하는 구실잣밤나무, 종가시나무, 붉가시나무 등이고, 그 다음으로 많은 것이 차나뭇과에 속하는 동백나무입니다. 이외에도 녹나뭇과에 속하는 생달나무, 후박나무, 참식나무, 감탕나뭇과에 속하는 감탕나무, 꽝꽝나무를 비롯해 비자나무, 황칠나무 등이 분포하고 있습니다.

최근 들어 난대림에 대한 연구가
활발해진 이유는 무엇일까요?

우리나라 난대림의 생육가능 면적은 총 산림면적의 약 0.8%인 1만ha 정도에 불과하다고 합니다. 난대림은 인간의 접근이 어려운 일부 섬 지역과 내륙 벽지, 종교 및 방재 목적으로 보호되어 온 특별한 지역 등을 제외하고, 벌채, 연료 채취, 인공조림 등 인간의 간섭에 의해 거의 무차별적으로 파괴되었습니다. 그 결과, 과거 난대림이 있던 지역은 소나무 숲이나 낙엽활엽수림으로 바뀌었습니다.

난대림은 온대림과는 다른 독특한 경관을 가지고 있으며, 면적에 비해 수종이 다양하고, 성장이 빨라 임산물의 활용 범위가 넓습니다. 특히 최근에는 대기오염 등 환경오염에 대한 내성이 강하다는 것을 알게 되어, 경관 보전과 환경대책 차원에서의 숲 조성에서도 중요하게 부각되고 있습니다. 또한 난대수종은 그 가치가 크기 때문에 생물자원으로써의 중요성도 증대되고 있습니다.

방금 '난대림은 임산물의 활용 범위가 넓다'라고 하셨는데,
자원으로 사용할 수 있는 수종은 어떤 것들이 있을까요?

먼저 가시나무류, 녹나무, 구실잣밤나무, 육박나무, 비자나무 등은 목재로써 그 가치가 높습니다. 후박나무, 동백나무, 녹나무, 육박나무, 굴거리나무, 광나무, 비자나무, 참가시나무는 약재로 쓰이고 있고, 동백나무 기름은 식용유나 화장유로 이용되고 있습니다. 생달나무 기름은 제과용으로 사용됩니다. 나무 인삼이라 불리는 황칠나무는 건강 음료와 음식 첨가물, 도료로써 각광을 받고 있습니다.

또한 난대수종은 병충해에 강하고 늘 푸르며 비교적 관리가 용이해 조경수로도 인기가 높습니다. 가시나무류, 먼나무, 굴거리나무, 돈나무, 광나무, 아왜나무, 후피향나무는 이제 남부지방 어디에서나 볼 수 있는 정원수로 자리 잡았습니다.

기후변화로 인해 난대성 상록활엽수 세력이 북쪽으로 크게 확장됐다는 보도가 있었는데요.

일본 학자 우에키(Uyeki)가 1941년도에 설정한 한반도의 난대성

▼ 후피향나무

상록활엽수의 북방한계선을 재검증한 연구가 있었는데, 1941~2000년까지 지난 60년간 약 1.3℃의 기온이 상승한 것으로 나타났습니다. 이와 관련해 난대성 상록활엽수 48종을 조사한 결과, 우리나라 난대성 상록활엽수의 북방한계선이 1941년에 설정한 '대청도-변산-영암-죽도'에서 2009년, '백령도-청양-정읍-포항'으로 새로이 설정됐습니다. 이것은 위도를 기준으로 약 14~74㎞를 북상한 것입니다. 과거 우에키가 했던 조사에서 보리밥나무와 후박나무의 북방한계선은 전라북도 어청도(36° 07′)였는데, 지금은 각각 인천광역시 백령도(37° 56′)와 덕적군도(37° 03′)로 북상하였습니다. 호랑가시나무의 경우 전라북도 변산(35° 37′)에서 전라북도 어청도(36° 07′)로 북방한계선이 북상했습니다.

▼ 보리밥나무

난대림을 관찰할 만한 곳이 있을까요?

제주도로 가시는 게 최고입니다만, 그러실 수 없다면 완도수목원을 추천해드립니다. 완도수목원은 전남은 물론이고 국내에 하나 밖에 없는 난대수목원으로 그 가치를 인정받고 있습니다. 이곳은 붉가시나무, 황칠나무, 후박나무, 동백나무 등 대표적인 난대수종이 집단으로 자생하는 자원의 보고로, 국내 최대 규모를 자랑합니다. 완도 보길도도 빼놓을 수 없습니다. 이 밖에도 전남 해남의 대흥사와

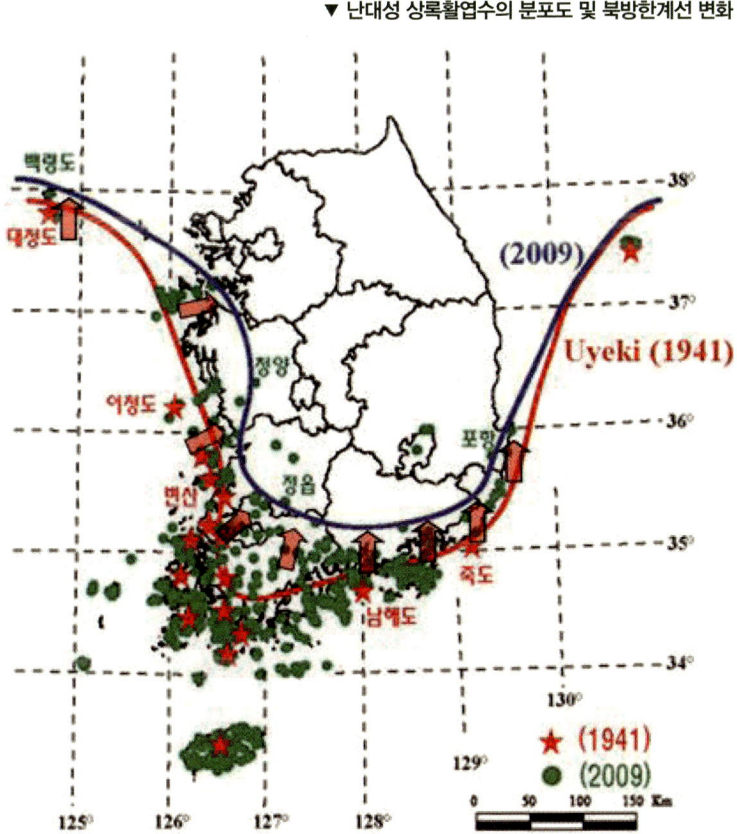

▼ 난대성 상록활엽수의 분포도 및 북방한계선 변화

미황사, 전남 강진의 백련사도 비교적 잘 보존된 난대림 원형을 사찰림으로 유지하고 있습니다.

접근성이 좋은 곳은 전남 목포 유달산 달성공원 부근에 있는 특정 자생식물원입니다. 생태 학습과 관찰을 위해 일부러 심기는 했지만, 여기에 가시면 우리나라 난대숲에서 자라는 거의 모든 나무들을 만날 수 있습니다. 그리고 한국 특산종과 희귀종, 멸종위기종 식물이 많이 심어져 있어 새로운 경험을 할 수 있습니다.

이번 겨울에는 위에 소개한 곳들을 방문해 푸르름이 변하지 않는 난대성 상록활엽수를 직접 관찰하고, 힐링하는 시간을 가져보셨으면 좋겠습니다.

▼ 후박나무

가시가 없는 가시나무
상록 참나무

**지난 시간에는 참나무에 대해 알아봤는데요,
이번에는 어떤 나무에 대해 알려주실 건가요?**

도토리 6형제[1]에 이어 상록 참나무를 소개해드리겠습니다. 남도 사람들에게는 이름은 모르더라도 낯설지 않은 가시나무 6형제가 있습니다. 가시나무 6형제는 우리나라에서 자라는 가시나무, 참가시나무, 개가시나무, 종가시나무, 붉가시나무와 일본에서 들어온 졸가시나무를 부르는 이름입니다. 이런 나무들은 난대성 상록활엽수라고 불리는데 목포를 비롯한 해남, 진도, 완도 등의 서남해안과 제주 등 연평균 기온이 14℃ 내외인 지역에서 자랍니다.

---

1 일반적으로 참나뭇과의 낙엽활엽수 상수리나무, 굴참나무, 갈참나무, 졸참나무, 신갈나무, 떡갈나무를 말한다.

상록 참나무가 있다는 것도 생소하지만 보통 가시나무 하면, 탱자나무나 아까시나무같이 가시가 달린 나무를 상상하게 되잖아요?

누구나 가시나무라고 하면 날카로운 가시를 가지고 있는 가시나무를 떠올립니다. 하지만 참나뭇과 가시나무류에는 가시가 전혀 없습니다. 도로가에 많이 심어진 홍가시나무도 마찬가지입니다. 봄에 새로 나는 붉은 잎이 매우 인상적인 홍가시나무도 가시가 없습니다.

가시도 없는데 가시나무라는 이름으로 불리는 까닭은 무엇인가요?

가시나무는 『조선왕조실록』에 등장하는 '가시목(加時木)'이나 '가서목(哥舒木)' 혹은 『목민심서』의 '가사목(可斜木)', 『물명고』의 '가셔목'에서 유래했다는 설도 있지만, 제주도에서는 도토리를 '가시'라고 부르기 때문에 제주도 방언인 '가시낭'에서 그 이름이 유래한 것으로 보입니다. 또한 구황식물인 가시나무의 도토리로 춘궁기의 '배고픔을 가시게' 했다고 가시나무라고 부르게 됐다는 재미있는 설도 있습니다.

한 가지 흥미로운 것은 일본에서도 가시나무를 '시라가시(シラカシ)', 참가시나무를 '우라지로가시(ウラジロガシ)'라고 부르는데 여기에 사용하는 '가시'라는 말이 우리말 가시에서 일본에 전파됐다, 반대로 일본말 가시를 우리가 받아들였다고 하는 등 의견이 분분합니다. 제 생각에 해수면 상승으로 우리나라와 중국, 일본이 서로 갈라지기 이

▲ 가시나무

전, 육상으로 왕래할 수 있는 아주 먼 옛날에는 하나의 내륙이었고 소위 조엽수림 문화권[2]이었기 때문에 나무의 이름도 공유하게 된 것이 아닌가 하는 생각이 듭니다.

가시나무는 주로 어떤 용도로 쓰일까요?

유럽 속담에 "사자는 짐승의 왕이고, 독수리는 날짐승의 왕이며, 가시나무는 숲의 왕이다"라는 말이 있습니다. 가시나무가 그만큼 좋은

---

2 상록활엽수 중 잎의 표피층이 두껍고 광택이 나는 나무들이 우점 하는 지역에서 공통적으로 갖는 문화를 말한다. 아시아의 열대 산맥에서 히말라야, 중국 남부, 대만, 일본 남부, 한국의 제주도와 서·남해안의 난대림 산림 식생대가 이 범주에 해당한다. 일본 나카오 사스케가 주창한 문화론이다.

나무라는 뜻입니다. 목재가 강하고 단단해 창대와 조총 자루 같은 무기류, 공구의 자루, 기계, 선박, 건축의 재료 등으로 사용했습니다.

가시나무 잎은 좁고 긴 타원형으로, 잎 뒷면이 연녹색이고 껍질은 회녹색을 띱니다. 상당히 귀한 나무로 제주도에서는 자생지를 보기 힘들고 진도에 자생지가 있습니다. 오히려 전남 신안군 압해도 송공산 숲길이나 광주광역시 푸른 숲길 등지에 심어놓은 가시나무가 더 눈에 띱니다. 참가시나무는 진짜 가시나무라는 의미인데 특별한 뜻은 없는 것 같습니다.

▼ 붉가시나무 도토리

▲ 개가시나무

가시나무들의 모양이나 효능은 어떤가요?

참가시나무는 잎 뒷면에 분가루를 뿌려놓은 것처럼 회백색을 띱니다. 예로부터 가시나무는 임산부의 지혈제로, 참가시나무는 결석에, 종가시나무는 지사제나 갈증 해소에 사용됐습니다. 종가시나무는 열매 깍지가 종 모양인 가시나무라는 뜻입니다. 우리나라 난대림 분포면적 중에 세 번째를 차지하는 나무이기도 합니다. 공해에 강하기 때문에 가로수로 많이 심는 친근한 나무입니다. 가로수로 심어진 가시나무류 중 십중팔구는 종가시나무라고 보시면 됩니다. 잎의 상단부에만 톱니 모양이 있어서 구분하기 쉽습니다. 개가시나무는 잎의 거치[3]가 매우 날카롭고 황갈색 털이 많이 나있는데 제주도에서

---

3   식물의 잎이나 꽃잎 가장자리에 있는, 톱니처럼 깔쭉깔쭉하게 베어져 들어간 자국을 말한다.

만 자라는 멸종위기 2급 식물입니다. 완도수목원에 소수의 개체가 심어져 있습니다.

붉가시나무도 들어본 것 같은데 붉가시나무는 잎이 붉은색인가요?

언뜻 그런 생각이 드시겠지만 붉가시나무는 목재가 붉은 색깔을 띤다고 해서 붙여진 이름입니다. 나무 중에 가장 무겁고 강하다고 합니다. 잎에 톱니가 없고 밋밋하기 때문에 가시나무류 중 가장 구분하기가 쉽습니다. 또한 붉가시나무 도토리로 만든 묵이 가장 차지고 맛있다는 얘기가 있습니다. 붉가시나무 순림은 거의 파괴되어 전남 해남 대흥사 주변에서나 성숙림을 볼 수 있습니다. 지금은 기후변화로 인해 전남, 광주 내륙에도 붉가시나무가 더러 심어져 있는 것을 볼 수 있지만, 붉가시나무의 북방한계선은 전남 함평군 함평읍 기장리이기 때문에 그곳 나무가 천연기념물 제110호로 지정되어 있습니다. 끝으로 졸가시나무는 정원수로 심기 위해 일본에서 도입한 종인데 키가 작고 도토리의 모양이 졸참나무의 도토리와 비슷하게

▼ 참가시나무 잎

생겼다고 해서 붙여진 이름입니다.

갑작스럽지만 붉가시나무를 북가시나무라고 읽어야 하나요? 불까시나무라고 읽어야 하나요?

붉가시나무 라고 쓰고 '불까시나무'라고 읽는 것이 문법에 맞는 발음입니다. 가을에 단풍이 아름답게 물드는 붉나무도 '붕나무'로 읽어

▼ 종가시나무

야합니다. 저도 얼마 전에 우연히 알게 됐습니다. 이제부터 붉가시나무는 불까시나무로, 붉나무는 붕나무로 읽어야겠습니다.

이야기를 듣다 보니 서남해안 지방은 다른 지역이 갖지 못한 난대성 상록활엽수라는 소중한 자원을 가진 곳이라는 생각이 드네요.

이런 나무들은 정원수나 가로수로 각광 받고 있으며 특히 기후변화로 인해 빠르게 북상하고 있습니다. 많은 분들이 관심을 가져 우

▼ 붉가시나무

리가 가지고 있는 자원의 가치를 잘 이해하고 보전해 나가는 것이 매우 중요하다고 생각합니다.

▼ 구실잣밤나무

난대숲의 두 번째 큰 집

동백나무와 차나뭇과 식물들

난대숲의 주요 수종 중 이번에 소개해주실 수종은 어떤 나무인가요?

우리나라 난대숲을 구성하는 나무들의 분포면적을 순위별로 살펴보면 첫 번째가 구실잣밤나무이고, 그 다음으로는 종가시나무, 동백나무, 붉가시나무, 생달나무, 후박나무 순입니다. 상록 참나무인 가시나무류는 뒤에 소개해드리고 오늘은 우리나라 난대숲에서 주요한 구성종을 이루는 동백나무와 동백나무가 속한 차나뭇과의 나무들에 대해서 알아보도록 하겠습니다.

흔히 알고 있는 동백나무가
차나뭇과에 속한다고 하니 좀 의외라는 생각이 드네요?

저 역시 동백나무가 차나뭇과에 속한다는 사실을 처음 알았을 때는 생소하게 느껴졌지만 식물 공부를 하다 보니 동백나무와 차나무는 한 집안답게 닮은 점이 많다는 것을 알게 됐습니다. 이를테면 동백꽃과 차나무 꽃의 큰 꽃은 수술이 많고 꽃이 통째로 지며, 큰 열매를 가지고 있고 익으면 벌어진다는 공통점이 있습니다. 우리나라에서 자라는 차나뭇과에는 5속 7종의 식물이 속해 있는데 동백나무, 차나무, 비쭈기나무, 사스레피나무, 우묵사스레피나무, 후피향나무 등의 상록활엽수와 낙엽활엽교목인 노각나무가 있습니다. 이러한 나무들은 이른바 조엽수림(照葉樹林) 문화권 내의 주종을 이루는 수종에 속합니다.

▼ 사스레피나무

조엽수림 문화라는 건 처음 들어보는데요.

조엽수림은 상록활엽수 중 잎이 빛나는 나무 즉, 잎의 표피층이 두껍고 광택이 나는 나무들이 많이 자라는 숲을 말합니다. 아시아의 열대 산맥부터 히말라야, 중국 남부, 대만, 일본 남부를 포함한 지역을 말하며, 우리나라에서는 제주도의 해발 500m 이하 지대와 서남해안의 난대림 산림 식생대가 이 범주에 해당합니다. 사사키 고메이(佐々木高明)[4]의 조엽수림 문화론에 따르면, 동아시아 조엽수림 문화의 공통 요소는 화전 농경을 기초로 하며, 고사리, 칡, 도토리를 물에 우려서 먹거나 떡을 해먹고, 차나무의 잎을 가공하여 음료로 만드는 관행, 누에로부터 실을 빼내서 비단을 만드는 기술, 옻나무 진액으로 칠기를 만드는 방법, 감귤과 차조기과의 채소를 재배하는 것 그리고 누룩으로 술을 담구는 방법이 공통적으로 존재하는 문화권입니다.

차나뭇과 나무들에 대해 하나하나 소개해주시겠어요?

우선 동백나무부터 알아보겠습니다. 동백나무는 전 세계적으로 약 2,000개의 원예종이 개발된, 정원수나 관상수로써 매우 인기가

---

[4] 일본의 식물학자, 1960년대에 히말라야 산록을 조사했을 때, 히말라야산맥 중부의 고도 1,500~2,000m 지대에 있는 부탄왕국에서부터 인도 아셈주, 중국의 운남성과 귀주성에 걸쳐 있는 고원지대인 운귀고원, 중국의 양자강 이남 성들 그리고 한반도 남부와 일본 열도의 서남부에 걸친 광대한 지역에 조엽수림(照葉樹林)이 분포하고 있다는 것을 염두에 두고, 처음으로 조엽수림대의 문제를 제기했다.

높은 나무입니다. 동백나무는 학명이 카멜리아 자포니카(*Camellia japonica*)로 되어 있어 자칫 일본 원산으로 오해할 수 있는데, 1692년 독일인 엥겔베르트 캠퍼(Engelbert Kaempfer)가 아시아 탐사길에 표본을 일본에서 채취해갔기 때문에 일본이란 이름이 들어가게 된 것입니다. 실제로는 한국, 중국, 일본이 원산지입니다.

▼ 동백나무

동백나무라는 이름의 유래가 궁금한데요?

중국에서는 동백나무를 산다(山茶)라고 부릅니다. 산에서 자라는 차나무라는 뜻이죠. 일본에서는 엉뚱하게 참죽나무나 가죽나무를 뜻하는 한자 춘(椿) 또는 수춘(藪椿)으로 쓰고 쓰바키(ツバキ), 야부쓰바키(やぶつばき)로 각각 읽습니다. 베르디의 오페라 춘희(椿姬)는 일본식 표기를 그대로 쓰고 있는데, 영어명인 'The Lady of the Camellias'를 우리말로 옮긴다면 '동백 아가씨'라 해야 할 것입니다.

우리나라는 동백(冬柏)나무라는 명칭으로 부르는데, 측백나무나 잣나무를 뜻하는 백(柏)자가 들어가 있어 '겨울에도 푸른 나무'라는 설도 있습니다. 하지만 저는 동백나무를 '동박'이라고 부르던 제주도 말이 뭍으로 옮겨 오면서 동백으로 변했다는 설에 더 신뢰가 갑니

▼ 애기동백나무

다. 동백나무는 벌, 나비가 없는 한겨울에 꽃이 펴 동박새가 수분을 해주기 때문에 텃새인 동박새의 이름이 나무 이름으로 발전했다고 생각하는 것이 아주 자연스러운 흐름이라고 생각합니다.

요즘 애기동백나무가 많이 피었던데요. 동백나무와 애기동백나무는 어떻게 다른가요?

중국 문헌에 따르면 애기동백나무는 신라 때부터 우리나라에 많이 있었던 나무라고 합니다. 그래서인지 우리 자생종으로 알고 있는 경우가 많은데 사실은 일본 원산입니다. 중국에서는 다매(茶梅)라 부르고, 일본에서는 사잔카(サザンカ)라 부르는데 한자 표기가 중국에서 동백나무를 칭하는 산다화(山茶花)라서 혼란이 있습니다.

구분법을 간단히 소개해드리면, 동백나무는 12월부터 이듬해 4월까지 꽃이 피지만, 애기동백나무는 11~12월까지 꽃이 펴 동백나무보다 빨리 피지만 개화기간은 짧은 편입니다. 잎 모양의 경우에는 비슷한 편이지만 동백나무 잎이 애기동백나무 잎보다 크며, 꽃의 모습은 동백나무가 반쯤 열리는 반개화(半開花), 애기동백나무는 다 열리는 평개화(平開花)입니다. 동백꽃은 향기가 거의 없지만, 애기동백꽃은 그윽한 향기가 납니다. 또한 동백나무의 꽃은 통째로 떨어지는데 반해, 애기동백나무의 꽃은 꽃잎이 하나하나 떨어져 일본 에도시대의 무사들은 그 모습이 마치 사무라이의 목이 잘리는 형상과 같다 하여 경원시했다고 합니다. 제주도에서도 불길한 나무라 하여 울타리 안에는 심지 않았다고 합니다.

끝으로 차나뭇과의 다른 나무들도 소개해주세요.

차나무 이야기를 이제야 하게 되는군요. 차나무의 원산지에 대해서는 다소 논란이 있지만, 일반적으로 중국에서 들어와 귀화한 것으로 봅니다. 차나무는 야생화로써도 은근한 매력을 지니고 있습니다. 모든 초화가 시들고 낙엽이 지는 마당에 차나무는 씩씩하게도 꽃을 피웁니다. 새하얀 꽃잎이 노란 꽃술을 살포시 감싸고 있는 모습은 보는 사람의 눈길을 사로잡기에 충분합니다. 차나무 꽃은 열매가 익어가는 시기에 피어나 실화상봉수(實花相逢樹)라 부르기도 하고, 꽃을 어미, 열매를 자식으로 표현하여 모자상봉수(母子相逢樹)라고도 부릅니다.

우리나라 나무 중에는 수피가 가장 아름답다고 정평이 나있는 한국 특산종 노각나무가 있습니다. 나무를 아는 사람들만이 정원에 심는 흔하지 않은 고급 정원수입니다. 수피가 사슴의 뿔을 닮아서 붙은 녹각(鹿角)이라는 명칭에서 'ㄱ'을 탈락시켜 부르기 쉽도록 노각이라는 이름으로 변했다는 설이 있습니다. 모과나무가 목과(木瓜)에서 모과로 변한 것과 같은 경우입니다. 제주도에 자생하는 후피향(厚皮香)나무는 중국에서 이름이 유래되었다고 하며, 가꾸지 않아도 수형이 아름다워 일본에서는 '정원수의 왕'으로 통합니다. 제주도와 전라남도 일부 섬에서만 자라는 비쭈기나무는 아주 가늘고 긴 새순이 옆

▼ 노각나무

▼ 차나무

▼ 비쭈기나무

으로 휘어져서 삐죽하고 나오는 모습을 보고 지은 이름이라고 합니다. 일본인들이 신사에 바치는 나무로 유명합니다. 이 밖에 꽃이 필 때 홍어 썩는 냄새와 비슷한 악취를 내뿜는 사스레피나무와 우묵사스레피나무가 있는데, 이는 벌과 나비가 없는 계절에 꽃이 피기 때문에 곤충을 불러들여 종족 번식을 하려는 수분 전략이라 할 수 있습니다. 이 나무들의 열매는 한겨울 새들의 귀중한 먹이가 되니 하찮게 여겨 함부로 베지 않았으면 좋겠습니다.

▼ 우묵사스레피나무

향기의 본가

녹나무와 일가들

**이번에는 우리나라 난대림의 주요 구성종 중
녹나뭇과 나무들에 관해 알려주신다고요?**

지난 시간 동백나무와 차나뭇과의 나무들에 이어 오늘은 녹나뭇과 집안의 본가라고 할 수 있는 녹나무와 그 집안 내력을 알아보도록 하겠습니다. 우리나라 난대림의 주요 구성종을 이루는 녹나뭇과에는 5속 13종의 나무들이 있습니다. 녹나무, 후박나무, 생달나무, 참식나무, 까마귀쪽나무와 같은 상록활엽수가 있는가 하면, 생강나무, 털조장나무, 비목나무, 감태나무, 뇌성목 같은 낙엽활엽수도 있습니다.

먼저 녹나뭇과 집안의 본가라고 말씀하신 녹나무에 대해서 알려주세요.

녹나무는 전형적인 아열대성 수종으로 오래 살고 우람하게 자라는데, 일본 가고시마현의 가모하치만 신사에 있는 녹나무는 수령이 약 천오백 년이며 둘레가 24.2m이고 높이가 33.5m에 달한다고 합니다. 녹나무는 제주도와 남해안 일부에서 생육하는데, 공해와 추위에 약해 한반도 내륙에서는 찾아보기 어렵습니다. 우리나라에서 가장 큰 녹나무는 제주도 서귀포에 있는 수령이 이백이십 년 된 녹나무로 둘레가 4m가량이라고 합니다.

녹나무라는 이름은 수피가 녹색을 띠기 때문에 붙여진 이름이라고 하는데 출처가 불분명합니다. 올해 9월 중국 귀주성에서 본 녹나무의 낙엽은 마치 녹슨 쇠의 색과 매우 흡사해 깊은 인상을 받았습니다. 불현듯 우리나라의 녹나무라는 명칭의 '녹'은 '쇠가 녹슨 모습'을 한 녹나무의 낙엽에서 비롯되지 않았나 하는 생각이 들었습니다. 중국과 일본에서는 녹나무 목재의 요란한 무늬가 글과 같은 모습을 하고 있다는 뜻으로, 나무 목(木)과 문장 장(章)을 합쳐 녹나무 장(樟)이라는 글자로 표현합니다.

녹나무는 어떤 특징이 있나요?

녹나뭇과 나무들은 가지를 꺾거나 잎을 문지르면 독특한 향기가 납니다. 그중에서도 녹나무의 향이 가장 진한데, 녹나무를 수증기로

증류하여 얻은 기름을 장뇌(樟腦)라고 하며 향료, 방충제, 강심제를 만드는 원료로 사용합니다. 물파스와 호랑이 연고의 원료가 바로 이 장뇌입니다. 녹나무는 목재가 치밀하고 고운 데다가 습기에 강하고 잘 부패하지 않아 궁궐의 기둥과 대들보, 선박, 불상, 고급 가구 등의 제작에 사용되었습니다. 창녕 교동 7호 고분[5]의 목관과 거북선 내장재, 과거 제주도 해녀들이 쓰던 도구가 모두 녹나무로 만든 것입니

---

5 경남 창녕군에 위치한 6세기 창녕 지역 최고 지배자의 무덤으로 추정되는데, 이 봉토분은 지름이 약 32m, 높이가 8m인 대형 봉분이다.

▼ 녹나무

▲ 운남장(樟木·위)과 녹나무(香樟·아래)의 잎

다. 녹나무는 악귀를 물리치고, 장수와 복, 길상을 가져다준다는 전통이 있습니다. 과거 문인들은 하늘 높이 뻗은 녹나무의 외형적 특징을 보고 뛰어난 재능과 기량을 갖춘 인재의 면모를 녹나무의 형상에 비유하기도 했습니다.

계피도 녹나뭇과에 속한다고 하는데 맞나요?

그렇습니다. 중국에서는 녹나무속 수종을 크게 세 가지로 구분하는데 향기가 진한 것을 향장(香樟), 녹나무보다 향기가 덜한 것을 장목(樟木), 계피를 생산할 수 있는 것을 계(桂)라고 부릅니다. 중국 여행지에서 만난 운남장(雲南樟, *Cinnamomum glanduliferum* (Wall.) Nees)은 향장인 녹나무에 비해 잎이 다섯 배 정도 컸지만 향기는 약했고 장목(樟木)이라는 이름표를 달고 있었습니다.

우리나라는 전통적으로 육계(肉桂)라고 불리는 중국 계피를 사용했는데, 품질이 떨어지기는 해도 과거에는 우리나라에 자생하는 생달나무에서 계피를 생산하기도 했습니다. 참고로 말씀드리자면, 매운맛이 강해 우리나라 수정과에 제격인 육계를 서양에서는 주로 카

◀ 육계(Chinese cassia)
▼ 중국육계나무(*Cinnamomum cassia* Presl)

시아(Chinese cassia)라고 부릅니다. 매운맛이 약하고 부드러워 서양인들이 커피에 곁들여 먹는 계피는 스리랑카 실론(Ceylon)산인 참시나몬(True cinnamon tree)입니다. 한동안 열풍이 불었던 '아보카도' 역시 멕시코 원산의 녹나뭇과 나무 열매입니다.

가끔 보면 녹나무로 만든 도마를 팔기도 하던데, 국내산일까요?

녹나무에는 천연 항균 성분이 있어 주방용 도마로 적합한 재료라고 봅니다. 하지만 아마도 호주산이나 미국산 녹나무를 사용했을 겁니다. 1800년대 초, 호주에 도입된 녹나무는 번식력이 상당히 뛰어났는데, 이로 인해 하천제방의 침식, 수질오염, 코알라의 먹이인 유칼립투스의 성장 방해를 야기한다는 이유로 이 녹나무를 침입 수종

▼ 육박나무 열매

▲ 까마귀쪽나무

으로 규정하고 벌목을 했기 때문입니다. 제 생각에는 타당한 이유 같지는 않습니다만, 어쨌든 미국 남부 지역에도 녹나무가 널리 분포되어 있고 플로리다주에서는 녹나무를 침입 수종으로 취급하고 있기도 합니다.

후박나무는 어떤 나무인가요?

후박나무는 우리나라 난대수종 분포면적에서 여섯 번째를 차지하는 나무입니다. 후박나무는 우리나라 자생 녹나뭇과 식물 중 가장 빠른 7~8월에 흑자색 열매가 익는데 이는 멸종위기 2급 흑비둘기의 소중한 먹이가 됩니다. 잎과 나무껍질이 두껍다 하여 후박나무라고 부르게 되었다고 하는데, 일본목련의 생약명인 후박(厚朴)과 혼동이 되는 경우가 있습니다. 후박나무의 생약명은 홍남피이며, 중국명은 새순과 열매 자루가 붉다는 의미의 홍남(紅楠)입니다. 그 유명한 울릉도 호박엿의 원조가 이 후박나무 껍질을 고아서 사용한 민간약에서 유래되었다는 설도 있습니다. 지금까지도 그런 풍습이 남아있다면 아마도 후박나무는 멸종되었을 것 같습니다.

녹나뭇과의 다른 상록활엽수에 대해서도 알려주세요.

관절염에 효험이 있다는 까마귀쪽나무는 부녀자의 까만 쪽진 머리를 뜻하는 '까마귀쪽'에서 유래했다는 설이 있으며, 제주도에서는 구럼비나무라고 불립니다. 열매는 먹을 수 있습니다. 녹나뭇과 나무들의 열매는 대부분 흑자색으로 익는데, 가을에 꽃이 펴 그 다음해에 열매가 붉게 익는 나무도 있습니다. 수피가 알록달록해 해병대나무라고 불리는 육박나무와 향기가 좋아 화장품 재료로 사용되는 참식나무가 그것입니다. 녹나뭇과에서 잎이 가장 긴 센달나무와 잎이 납작해 바닷물고기 서대기와 닮은꼴이라는 새덕이도 있습니다.

**마지막으로 낙엽 지는 녹나뭇과 나무에는
어떤 것들이 있을까요?**

등잔 기름이나 머릿기름을 만드는 봄의 전령사 생강나무와 우스갯소리로 대머리 아저씨가 좋아한다고 말하는 광주광역시 무등산의 깃대종 털조장나무, 재질이 단단해 지팡이나 쇠코뚜레로 만드는 데 쓰이는 백동백이라 불리는 감태나무 등이 있습니다. 그리고 녹나 뭇과 낙엽활엽수 중 가장 크게 자라는 비목나무는 붉은 열매가 아주 인상적입니다. 가곡인 비목과는 관련이 없습니다. 서해안 일부 도서에서만 자라는 뇌성목은 잎을 정제해 비누로 사용하는데, 봄에 난 잎이 겨울철이 지나도록 붙어 있다가 다음 해 봄에 첫 우레가 치면 떨어진다고 하여 붙여진 이름이라고 합니다.

▼ 생강나무(상단)와 털조장나무(하단)

호랑가시를 품은
감탕나뭇과

지난 시간에 이어 난대숲 이야기를 들려주신다고요?

오늘은 감탕나뭇과 나무에 대해 이야기를 나눠보겠습니다. 우리나라의 감탕나뭇과에 속한 나무들은 주로 충청북도 이남에서 볼 수 있습니다. 단일 속에 속하는 감탕나무, 먼나무, 호랑가시나무, 완도호랑가시나무, 꽝꽝나무 등의 상록활엽수와 대팻집나무, 중국과 일본 원산인 낙상홍 같은 낙엽활엽수가 있는데 비교적 단출한 가문을 형성하고 있습니다. 감탕나뭇과 나무들은 재목이 단단해서 도장, 조각, 공예품을 만드는데 사용하기도 합니다.

감탕나무라는 이름이 흥미롭네요. 어떤 나무인가요?

감탕나뭇과의 기본종인 감탕나무는 일럭스 인테그라(*Ilex integra*)라는 학명을 가지고 있는데 잎에 톱니가 없다는 뜻이 담겨져 있습니다. 감탕나무는 중국, 일본, 네팔 등지에서도 자생하는데 중국 이름인 전연동청(全緣冬靑)은 '잎에 톱니가 없는 상록수'라는 의미입니다. 잎은 타원형으로 먼나무보다 평평하며 잎자루가 짧고 열매는 더 큽니다.

감탕나무의 감탕은 무슨 뜻인가?

'감탕'이란 국어사전을 보면, 첫째로 엿을 고은 후 솥을 씻어 낸 단물 혹은 메주를 쑤어낸 솥에 남은 걸쭉한 물을 말하고, 둘째로 아교풀과 송진을 끓여서 만든 접착제로 새를 잡거나 나무를 붙이는데 사용한다고 나와 있습니다. 옛날에는 감탕나무 껍질을 물에 불려 절구로 찧은 다음 거기에서 나오는 끈적끈적한 진액을 이용해 새를 잡아

▲ 감탕나무

감탕나무라 부르게 됐다고 합니다. 일종의 '쥐잡이 끈끈이'와 같은 용도라고 할 수 있습니다. 현지에서는 끈끈이나무라고 부르기도 합니다. 또한 꽝꽝나무나 먼나무, 수레나무[6]로도 감탕을 만들 수 있다고 합니다. 서양에서는 이러한 새잡이 방법을 버드라임(birdlime)이라 하는데 남아프리카에서는 겨우살이 열매를 이용하고 유럽에서는 서양호랑가시나무를 이용한다고 합니다.

---

[6] 수레나뭇과의 상록교목으로 학명은 *Trochodendron aralioides*, 학명의 트로코는 수레바퀴라는 뜻으로, 열매가 수레바퀴처럼 생겼기 때문에 수레나무라고 한다. 일본, 중국, 타이완 등지에 분포한다.

▲ 먼나무

먼나무라는 이름도 재미있네요.
혹시 재미있는 사연 같은 게 있을까요?

먼나무는 완도 보길도와 제주도에 자생하는 아주 멋진 나무입니다. 좀감탕나무라고도 부르는데 사실은 열매만 작지 모든 것이 감탕나무보다 큽니다. 먼나무라는 이름은 멀리서 보아야 멋진 나무라는 설, 열매와 잎이 멋있는 나무라는 설, 잎자루가 감탕나무보다 길어서 나뭇가지와 잎이 먼 나무라는 설이 있습니다. 좀 더 신빙성이 있는 설을 찾아보자면 먼나무는 비에 젖으면 수피가 검어진다 하여 제주도 방언인 '멍낭'에서 이름을 따왔다는 설이 있고, 잎이 마르면 먹처럼 검게 변한다고 해서 '먹나무'라고 부른다는 설이 있습니다. 이 두 가지 설은 제가 직접 눈으로 확인하면서도 참 잘 지어진 이름이라고 생각했습니다.

▲ 회양목

▲ 꽝꽝나무

어렸을 때 가지고 놀던 꽝꽝나무도 감탕나뭇과에 속하는군요?

꽝꽝나무는 가지가 치밀하고 잎이 아름다우며 밀생해서 의도하는 대로 가꾸기가 쉽기 때문에 정원수로 인기가 좋습니다. 전라북도 변산이 북방한계선이고 광주 무등산에도 잘 자랍니다. 정원의 경계 수목으로 심는 회양목과 유사해서 혼동하는 경우가 많은데, 회양목은 잎이 마주나는데 반해 꽝꽝나무는 잎이 두껍고 윤이 나며 잎이 어긋나기 때문에 쉽게 구분할 수 있습니다. 문제는 일본에서 들어온 콘백사 꽝꽝나무(convexa)라고 불리는 일본 꽝꽝나무인데, 얼핏 보면

▲ 한라산 꽝꽝나무 고사목

자생 꽝꽝나무와 아주 비슷하지만 자생 꽝꽝나무에 비해 잎이 볼록하고 가장자리가 뒤로 밀려있습니다. 전라도 말로 이런 모습을 '배를 내민다'고 합니다. 생각보다 학교나 관공서 등에 일본 꽝꽝나무가 많이 심어져 있습니다.

이름은 방언인 '꽝꽝하다', 즉 '단단하다'에서 유래되었다는 설과 잎이 두꺼워 불 속에 넣으면 '꽝꽝'하는 소리를 내면서 탄다는 데서 불리게 된 이름이라는 설도 있습니다. 제가 2017년 6월 한라산으로 식물 탐사를 가서 보니, 제주조릿대의 확산과 겨울철 이상 건조기후로 인하여 눈에 보이는 거의 모든 꽝꽝나무가 고사해 안타까운 마음뿐이었습니다.

이번에는 호랑가시나무에 대해 알고 싶은데요.

남부지방과 제주도에서 자라는 호랑가시나무는 잎의 가시가 호랑이 발톱과 비슷하다는 뜻인데, 호랑가시나무의 중국 이름 중 하나인 노호자(老虎刺)에서 유래되지 않았나 생각합니다. 일본에서는 호랑가시나무가 자생하지 않지만 물푸레나뭇과인 구골나무의 어린잎이 호랑가시나무와 비슷한 모습을 지녀 날카로운 톱니가 발달합니다. 곧 호랑가시나무가 진가를 발휘하는 시기가 다가옵니다. 호랑가시나무는 성스러운 나무로 인식되어 크리스마스트리 중 최고로 인기 높은 나무이기 때문입니다.

완도호랑가시나무는 호랑가시나무와 어떻게 다른가요?

완도호랑가시나무는 고유 수종이며 호랑가시나무와 감탕나무의 교잡종입니다. 미국에서 귀화한 천리포수목원의 설립자 민병갈 원장[7]이 1978년 완도 식물 탐사 중 최초로 이 나무를 발견했습니다. 완도호랑가시나무는 잎이 눈에 띄게 볼록하거나 쭈글쭈글하지 않고 거의 대부분 편평하다는 것이 가장 큰 특징입니다. 완도호랑가시나무는 정원수로 가장 이상적인 3~8m의 키를 가지고 있습니다. 우리

---

[7] 민병갈(閔丙渴, 1921~2002년)은 대한민국 최초의 사립수목원을 세운 미국계 귀화 한국인이며 예비역 미 해군 대위이다. 칼 페리스 밀러(Carl Ferris Miller)가 그의 귀화 전 이름이다. 그가 처음 발견한 완도호랑가시의 학명인 *Ilex wandoensis* C. F. Mill. & M. Kim에 'C. F. Mill'은 그의 본명에서 따온 것이다.

▼ 완도호랑가시나무

나라 호랑가시나무는 높이가 1~3m로 너무 작고, 외래종 호랑가시나무는 키가 10m가 넘는데 반해 완도호랑가시나무는 정원수로써 적합한 훌륭한 나무입니다.

감탕나뭇과의 낙엽활엽수도 간단하게 알려주세요.

감탕나뭇과의 유일한 자생 낙엽활엽수인 대팻집나무는 남부지방에서 주로 자라지만 간혹 서울, 강원 등지에서도 발견되며 일본의 경우 홋카이도에서도 자란다고 합니다. 단지가 발달하고 열매가 붉게 익으며, 이름의 경우 대패의 집을 만드는 나무로 쓰인다고 해서 붙여졌습니다.

▼ 낙상홍

일본과 미국에서 도입된 낙상홍과 미국낙상홍은 잎에 날카로운 톱니가 거칠게 나있고 수형도 특징이 없지만, 잎이 지고 나면 매혹적인 붉은 열매가 맺히고 추위에 강해 정원수로 많이 심습니다. 이름은 낙엽이 지면 서리가 내릴 때까지 붉은 열매가 붙어 있다는 의미의 중국 명칭 낙상홍(落霜紅)에서 유래되었습니다.

　간혹 대팻집나무와 낙상홍이 헷갈린다는 분이 있는데, 대팻집나무는 교목으로 키가 큰 나무입니다. 열매를 보자면 대팻집나무의 열매 자루는 긴 편인데 반해, 낙상홍은 열매 자루가 아주 짧아서 열매가 나뭇가지에 다닥다닥 붙어 있는 형태입니다. 산에서 자란다면 십중팔구는 대팻집나무, 정원수로 심어진 나무라면 낙상홍이라 보시면 될 것 같습니다.

▼ 대팻집나무　　　　▼ 낙상홍

보일 듯 말 듯

난대숲의 소수족

**그동안 난대숲을 구성하는 주요 나무들의 분류와
그 종류에 관해 알아봤는데요.
이번에는 어떤 나무들에 대해 이야기해주실 건가요?**

오늘은 단출하지만 난대숲에서 빠질 수 없는 나무들에 대해 준비했습니다. 그동안 우리의 소중한 산림자원인 난대숲에 대한 이해를 돕기 위해 난대숲의 주요 구성종을 이루는 참나뭇과의 가시나무류, 차나뭇과, 녹나뭇과, 감탕나뭇과의 나무들에 대해서 얘기를 나눴습니다. 오늘은 굴거리나무, 붓순나무, 돈나무, 다정큼나무, 아왜나무를 비롯한 난대성 상록활엽수를 소개해드리겠습니다.

이름이 생소한 나무들이 많은데요. 굴거리나무부터 하나하나 소개 부탁드릴게요.

굴거리나뭇과에 속한 굴거리나무는 전라남도와 북도, 경상북도, 울릉도, 제주도에 분포하는 상록활엽교목으로, 대부분 소교목 형태로 자라는데, 난대성 상록활엽수 중 내한성이 강한 편이어서 전라북도 내장산에서도 자랍니다. 내장산의 굴거리나무 군락지는 천연기념물 제91호이기도 합니다. 굴거리나무는 이름은 굿을 하는데 이용되는 '굿거리나무'에서 유래되었다는 설이 있는데 확실한 근거는 없습니다. 굴거리나무는 잎이 새로 나면 묵은 잎들이 한꺼번에 떨어지는데 이 모습이 마치 자리를 양보하는 것 같다고 해서 한자로 교양목(交讓木)이라 부르기도 합니다. 제가 이 사실을 확인하기 위해 관

▼ 굴거리나무

▲ 팔각(八角)

찰을 해봤는데 굴거리나무의 묵은 잎이 거의 일시에 떨어지는 것은 맞지만 잎이 다 떨어지기까지는 2~3개월이 걸렸습니다. 그러고 보니 자리를 내놓는다는 건 나무에게도 결코 쉬운 일은 아닌 것 같습니다. 굴거리나무에 비해 잎이 작고 잎맥이 조밀한 것을 '좀굴거리나무'라고 따로 분류합니다. 전남 해남 대둔산에서 자생지를 확인할 수 있습니다.

붓순나무는 왠지 붓과 관련이 있을 것 같은데요?

그렇습니다. 붓순나뭇과인 붓순나무는 전라남도 진도, 완도, 제주도에 자라는 상록활엽소교목입니다. 새로 나온 순이 마치 붓과 닮았다고 해서 붓순나무라는 이름을 갖게 됐습니다. 붓꽃과 같이 꽃이 머문 형태가 붓과 같은 모습인거죠. 부처님께 바치는 나무로 알려져 있으며, 일본에서는 무덤 옆에 이 나무를 심으면 귀신이 침범하지 못한다고 하는 전설이 있어 무덤 주위에 심기도 하고 관 속에 넣기도 합니다.

붓순나무의 열매는 중국의 향신료이자 조류 인플루엔자 치료제로 유명한 '타미플루(Tamiflu)'의 원료인 팔각(*Illicium verum* Hook. f.)[8]과 매

---

8 중국에서 삼천 년 전부터 이용해온 향신료로 팔각은 붓순나뭇과 상록수의 열매를 말한다. 이 열매를 건조한 후 분말 형태로 만들어 향신료로 이용한다. 이름은 단단한 껍질로 싸인 꼬투리 8개가 마치 별처럼 붙어있는 모양에서 유래되었다.

▼ 붓순나무

우 비슷하게 생겨 간혹 잘못 먹고 중독 사고가 나기도 합니다. 붓순나무의 꽃과 열매에서는 특유한 향이 나는데 씨앗에는 맹독성인 시키믹산(Shikimic acid)이라는 유독 물질이 있으므로 절대로 먹어서는 안 됩니다. 붓순나무 열매로 인한 중독 사고가 잦아지자 FDA에서 경고 조치를 하기도 했습니다.

돈나무라는 이름에는 '돈' 자가 들어있는데요. 돈과 무슨 관련이 있나요?

돈나무는 전라남도와 북도, 경상남도, 제주도의 바닷가 절벽이나 바위틈에 자라는 아담한 상록활엽수입니다. 우리나라 나무 중 수형

▼ 돈나무 열매

이 가장 아름답다고 정평이 나있어 정원수로도 많이 심기 때문에 친근한 느낌이 드실 겁니다. 돈나무라고 부르고 있지만 돈과는 전혀 관련이 없는 나무입니다.

돈나무라는 이름은 늦가을 붉게 익은 열매에 끈적끈적한 물질이 있어 똥파리를 비롯한 각종 벌레들이 꼬인다 하여 생긴 말로, 제주도 방언인 '똥낭'에서 유래되었다고 합니다. 일본인이 똥나무라는 발음을 제대로 하지 못하고 돈나무라고 한 것에서 유래되었다는 설도 있는데 신뢰가 가지 않습니다. 돈나무는 뿌리에서 나는 악취로 귀신을 쫓는 나무로 알려져 있는데, 중국 한나라 때 천년을 살았다고 하는 동방삭[9] 설화(東方朔 說話)에서 유래되었다고 합니다.

동방삭에 대한 고사를 더 듣고 싶은데요?

동방삭이 천도를 훔쳐먹고 오래 살다보니 신술(神術)을 사용한다는 소문이 돌았는데, 이를 알게 된 염라대왕이 괘씸히 여겨 세 마리의 귀신에게 동방삭을 잡아오라고 했다고 합니다. 귀신들에게 잡힌 동방삭은 자신이 가장 무서워하는 것을 알려줄 테니 귀신들에게도 가장 무서워하는 것이 무엇인지 알려달라고 했다고 합니다. 그러자 귀신들은 동방삭에게 무엇을 무서워하냐고 먼저 물었는데, 동방삭

---

9 중국 전한(前漢)의 문인, 자는 만천(曼倩). 해학·변설(辯舌)·직간(直諫)으로 이름이 났다. 속설에 서왕모의 복숭아를 훔쳐 먹어 장수하였으므로 삼천갑자 동방삭이라고 이른다.

▲ 금줄(박재은 작)

이 팥떡과 동치미라고 대답했다고 합니다. 이번에는 동방삭이 귀신들에게 무엇을 무서워하냐고 묻자, 천진무구한 귀신은 왼새끼줄과 돈나무라고 대답했습니다. 이 말을 들은 동방삭은 재빨리 왼새끼줄을 허리에 동인 뒤 돈나무 숲에 누워버렸고 귀신들은 접근할 수 없게 됐습니다. 화가 난 귀신들은 팥떡과 동치미를 돈나무 숲속에 던졌는데, 이를 받은 동방삭은 돈나무 숲속에 누워 팥떡을 먹고 체하지 않게 동치미까지 마셔가며 귀신이 도망가기를 기다렸고 위기를 넘겼다고 합니다. 출산을 하면 왼쪽으로 꼰 새끼줄로 금줄을 치는 옛 풍습도 여기에서 유래되었다고 합니다.

다정큼나무는 이름이 참 정답게 느껴지네요.

장미과의 상록활엽관목인 다정큼나무는 말 그대로 정겨운 나무입니다. 바닷가 따뜻한 곳에서 옹기종기 모여 자라는데, 봄에 피는 하얀 꽃과 가을에 익는 까만 열매가 오밀조밀 모여 열린 모습을 보니

아마도 '다정하게 크는 나무'라는 의미로 다정큼나무라 부르게 된 것이 아닐까 하고 생각해봅니다. 다정큼나무의 껍질은 비단실을 쪽빛으로 염색한다고 해서 '쪽나무'라고 부르기도 하는데, 어망의 내구성을 높이기 위해 염색에 사용했다고 합니다. 독특하게도 전라도 지역에서는 다정큼나무의 검정색 열매를 밥에 넣는 전통적인 이용 사례가 전해지고 있는데, 밥에 넣으면 색깔이 좋아지고 밥이 차진다고 합니다. 다정큼나무의 꽃에서는 좋은 향기가 나기 때문에 산울타리로 심으면 아주 좋습니다.

▼ 다정큼나무

아왜나무는 소방수나무라고 부른다면서요?

산분꽃나뭇과인 상록활엽소교목 아왜나무는 제주도 말고는 분포지가 확실치 않습니다. 우리가 볼 수 있는 대부분의 아왜나무는 식재된 것이라고 할 수 있습니다.

아왜나무는 수분을 많이 함유하고 있어서 불에 잘 타지 않는 것으로 알려져 있습니다. 불이 붙으면 수분이 빠져 나오면서 거품을 만드는데 이 거품이 나무 표면에 일종의 차단막을 만들어 불에 잘 타지 않게 한다고 해 소방수나무라는 별명을 갖게 되었습니다.

아왜나무라는 이름은 거품을 내는 나무라는 뜻을 가진 일본명 아

▼ 아왜나무
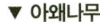

와부끼(アワブキ)에서 유래하여 아와나무라고 부르다가 아왜나무가 되었다고 합니다. 한자로는 산호처럼 생겼다 하여 산호수(珊瑚樹)라고 합니다.

그 밖에 난대성 상록활엽수에는 어떤 것들이 있을까요?

잎이나 겨울눈에 조롱박 같은 벌레집이 달리는 상록활엽교목 조록나무는 바람에 매우 민감하여 주풍 방향의 반대편으로 수관이 삐뚤어져 자랍니다. 8개의 나뭇잎 중 하나가 1년 내내 붉게 물들어 있다는 상록교목 담팔수는 제주도에서만 자라는 상록활엽교목 소귀

▼ 소귀나무

나무와 비슷한데, 잎이 두껍고 가장자리에 톱니가 있으며 단풍잎이 섞여있다는 점이 소귀나무와 다릅니다. 자금우과의 상록활엽관목 자금우, 산호수, 백량금, 홀아비꽃댓과의 멸종위기 2급 죽절초는 난대숲의 하부에서 윤기나는 나뭇잎을 뽐내며 옹기종기 자라고 있습니다.

참고 문헌과 자료 출처

공우석,『우리식물의 지리와 생태』, 지오북, 2007.

국립산림과학원,『난대자원화 유망수종 육성기반 조성연구』, 국립산림과학원, 2013.

국립산림과학원,『백합나무』, 국립산림과학원, 2011.

국립산림과학원,『산림수자원 지식 20가지』, 국립산림과학원, 2015.

국립산림과학원,『숲을 키우는 물』, 국립산림과학원, 2015.

국립수목원,『한국의 붓꽃』, 국립수목원, 2009.

국립수목원,『한국의 민속식물 전통지식과 이용』, 국립수목원, 2017.

국립수목원,『식별이 쉬운 나무도감』, 지오북, 2013.

국립수목원,『책으로 보는 독버섯 바로 알기』, 국립수목원, 2017.

김세현,『황칠나무』, 국립산림과학원, 2017.

김원학 · 임경수 · 손창환,『독을 품은 식물 이야기』, 문학동네, 2014.

김종원,『한국 식물 생태 보감』, 자연과 생태, 2013.

김재길,『천연약물대사전』, 남산당, 1984.

김진석 · 김태영,『한국의 나무』, 돌베게, 2011.

나영학,『인문학으로 본 우리 나무 이야기』, 책과나무, 2016.

남효창,『나무와 숲』, 한길사, 2013.

다나카하지메(이규원 역),『꽃과 곤충』, 지오북, 2007.

민병근,「등잔 기름(燈油)과 등잔 심지(燈心)」, 전기저널 2014년 1월호, 2014.

박문섭 · 신현철,「난대림—분포와 조림현황」, 숲과 문화 제20권 6호, 2011.

박상진,『문화와 역사로 만나는 우리 나무의 세계』1, 2권, 김영사, 2011.

박상진,『역사가 새겨진 나무이야기』, 김영사, 2012.

배철지,『완도황칠』, 완도군, 2018.

(사)숲과문화연구회,『세시 풍속과 산림문화』, (사)숲과문화연구화 · 산림청, 2018.

(사)숲과문화연구회,『음악과 산림문화』, (사)숲과문화연구화 · 산림청, 2018.

(사)숲과문화연구회,『한국의 종교와 산림문화』, (사)숲과문화연구화 · 산림청, 2015.

신현철·박남창·황재홍,『한국의 난대수종』, 국립산림과학원, 2006.

안영희,『한국의 동백나무』, 김영사, 2013.

이경준,『수목생리학』, 서울대학교출판문화원, 2013.

이남호,『혼자만의 시간』, 마음산책, 2000.

이상옥·김창진,『들꽃, 시를 만나다』, 신구문화사, 2018.

이상희,『꽃으로 보는 한국문화』1, 2, 3권, 넥서스, 2004.

이우철,『한국 식물명의 유래』, 일조각, 2005.

이우철,『한국식물의 고향』, 일조각, 2008.

이영로,『한국식물도감』, 금성출판사. 2016.

임경빈,『나무백과』, 일지사, 2002.

임록재,『조선식물지』, 제3권, 과학기술출판사, 1997.

전영우,『숲과 한국문화』, 수문출판사, 1999.

전영우,『숲과 녹색문화』, 수문출판사, 2002.

정태현,『한국식물도감』, 이문사, 1986.

정회성,『전통의 삶에서 찾는 환경의 지혜』, 서울대학교출판문화원, 2009.

조너선 실버타운(노승영 역),『먹고 마시는 것들의 자연사』, 서해문집, 2019.

탁광일·전영우 외,『숲이 희망이다』, 책씨, 2005.

폴커 아르츠트(이광일 역),『식물은 똑똑하다』, 들녘, 2013.

한국민족문화대백과사전편찬부,『한국민족문화대백과사전』27권, 한국정신문화연구원, 1991.

허북구·박석근,『재미있는 우리 나무 이름의 유래를 찾아서』, 중앙생활사, 2014.

허북구·박석근,『재미있는 우리 꽃 이름의 유래를 찾아서』, 중앙생활사, 2002.

농촌진흥청 국립농업과학원,『주변에서 볼 수 있는 꿀벌이 좋아하는 꽃』, ㈜휴먼컬처아리랑, 2018.

황성규,『동백 사랑 이야기』, 새국어생활, 2016.

황영희, 『한국사 미스터리 2』, 북큐브, 2016.

황호림, 『라온제나』, 책나무출판사, 2010.

황호림, 『우리동네 숲 돋보기』, 책나무출판사, 2014.

鄭台鉉, 都逢涉, 沈鶴, 『朝鮮植物名集』, 朝鮮生物研究會, 1949.

국립수목원, 보도자료; 「세계 최초 '제주도 자생 왕벚나무' 유전체 해독」, 국립수목원, 2018.

김건래·정회석·김현준·강신호, 「한국산 얼레지(Erythronium japonicum)의 형태 특성」, 한국자원식물학회 학술심포지엄, p. 77, 2013.

김규섭·이창훈·김서호, 「문헌을 통해 본 녹나무[橮]의 오류 고찰」, 한국전통조경학회지 33권 2호, pp. 58-66, 2015.

김지희·박현영, 「다정큼나무에 의한 염료추출 및 발색효과」, 조형디자인연구 1권, pp. 113-128, 1998.

김진석·정재민·김선유·김중현·이병윤, 「한반도 홀로세 기후최적기 잔존집단의 식물지리학적 연구」, 한국식물분류학회지 44권 3호, pp. 208-221, 2014.

노일·문현식, 「히어리 군락의 입지특성과 식생구조 분석」, 농업생명과학연구 38권 2호, pp. 41-51, 2004.

류지훈, 「수자원 현황과 미래」, 숲과 문화 총서 11권, 139-149, 2003.

문영희·김영희, 「단보; 얼레지 인경의 성분에 관한 연구」, 생약학회지 23권 2호, pp. 115-116, 1992.

민병갈·김무열, 「감탕나무속(Ilex)의 신잡종, 완도호랑가시나무(I. × wandoensis C.F. Miller & M. Kim)」, 식물분류학회지 32권 3호, pp. 293-299, 2002.

박만규, 「韓國왕벚나무의 調査硏究史」, 식물학회지 8권 3호, pp. 12-15, 1965.

박문섭, 「녹나무」, 숲과 문화 18권 6호, pp. 75-77, 2009.

박문섭·신현철, 「붓순나무」, 숲과 문화 20권 2호, pp. 44-46, 2011.

박문섭, 「황칠나무」, 숲과 문화 19권 3호, 2011.

박선욱·구경아·공우석, 「기후변화에 따른 한반도 난대성 상록활엽수 잠재서식지 분포 변화」, 대한지리학회지 51권 2호, 2016.

박선주·심정기·박선덕, 「RAPD에 관한 한국산 붓꽃 속(Iris)의 계통분류학적 연구」, 식물분류학회지 32권 4호, pp. 383-395, 2002.

손동찬·고성철, 「복수초(미나리아재비과)의 종내분류군에 대한 분류」, 식물분류학회지 41권 2호, 2011.

신원섭, 「참나무 이것을 아십니까?」, 숲과 문화 총서 3권, pp. 341-343, 1995.

신현배, 「아우라지와 정선아리랑」, 하천과 문화 Vol. 11 No. 1 겨울, 2015.

양종국, 「왕벚나무의 역사적 의미와 활용 가치」, 역사와 역사교육 26권, pp. 111-132, 2013.

오영주·방정호·백원기, 「포천 백운산 히어리 군락의 식생성」, 한국 자원 식물 학회지 25권 4호, pp. 447-455, 2012.

오혜림·김우식·강홍선·조정휘·김권삼·송정상·배종화경희, 「외국산 꿀(석청) 복용후 발생한 실신 2예」, 대한내과학회지 59권 2호, 2000.

옥택근 등, 「야생식물 중독의 임상 양상」, 대한임상독성학회지 3권 2호, 2005.

임소영, 「꽃이름의 생성 과정과 인지 과정」, 한국어의미학 4권, 1999.

임주훈, 「참나무와 우리문화」, 숲과문화연구회, 1995.

임주훈, 「소나무와 참나무의 전쟁」, 숲과 문화 총서 12권, pp. 249-255, 2004.

조명숙·김찬수·김선희·김승철, 「Taquet 신부의 왕 roscuts : 엽록체 염기를 섞어서 왕의 왓츠와 재배 왕의 계통적 비교」, 한국어 J. Pl. Taxon, 46권 2호, pp. 247-255, 2016.

전영우, 「참나무 명칭에 대한 小考, 참나무가 '참'나무로 불리게 된 사연」, 숲과 문화 총서 3권, pp. 89-96, 1995.

정성호, 「손기정 월계수의 진실」, 숲과 문화 27권 1호, pp. 16-28, 2018.

최명섭. 「히어리」, 한국조경수협회, 조경수 45권 7호, pp. 12-13, 1998.

홍석표·손재천, 「한국산 앉은부채(Symplocarpus renifo li us Schott ex Miquel, 천남성과)의 수분기작」, 식물분류학회지 33권 2호, 2003.

황용·김무열, 「한국산 원추리속(Hemerocallis)의 분류학적 연구」, 한국식물분류학회지 42권 4호, 2012.

李景俊, 「韓圖 木本類 主要 및 補助 蜜源樹種의 分類와 寶開花期別 現況」, 서울大學校 樹木園 硏究報告 18권, pp. 57-71, 1988.

林相喆·金熙坤, 「얼레지의 植物特性과 自生地 環境分析에 關한 硏究」, 한국원예학회 학술발표요지 9권 2호, pp. 28-29, 1991.

Abe, Kenji·Kouki Itoh·Tsukasa Kikuchi, 「Procedural techniques for animating falling leaves for outdoor scenes」, 2006.

Baek, S., Choi, K., Kim, G. B., Yu, H. J., Cho, A., Jang, H., … & Mun, J. H. 「Draft genome sequence of wild Prunus yedoensis reveals massive inter-specific hybridization between sympatric flowering cherries」, Genome biology 19권 1호, p. 127, 2018.

Kim, J. G., 「새로운 조경수 봄의 노래 히어리 속(Genus Corylopsis)」, Landscaping Tree.

Kim, S. I., 「새로운 조경수 히어리」, Landscaping Tree.

Takasi YAMAZAKI, 「ヒゴミズキとショウコウミズキについ」, 植物研究雜誌 第63巻 第1号, 1988.

국가생물종자지식정보시스템, http://www.nature.go.kr

국립산림과학원, http://www.kfri.go.kr

국립생태원, http://www.nie.re.kr

국립수목원, http://www.kna.go.kr

국립중앙박물관, https://www.museum.go.kr

기네스북, http://www.guinnessworldrecords.com

문화재청, https://www.cha.go.kr/main.html

산림청, http://www.forest.go.kr

불교신문, http://www.ibulgyo.com

중앙일보, https://joongang.joins.com

한국고전번역원, http://www.itkc.or.kr

한반도생물다양성 홈페이지, https://species.nibr.go.kr

한국전통지식포탈, http://www.koreantk.com

岡山理科大学 生物地球学部 生物地球学科, http://had0.big.ous.ac.jp

日本植物学会, http://bsj.or.jp

日本 農林水産省, http://www.maff.go.jp

ウィキペディア(Wikipedia), https://ja.wikipedia.org

中國植物志, http://frps.iplant.cn

Wikipedia, https://en.wikipedia.org

동식물 사진 한눈에 보기

ㄱ

가막살나무 185
가시나무 299
가죽나무 132
각시붓꽃 40
감탕나무 325
개가시나무 301
개나리 175
개별꽃 34
개복수초 15
개옻나무 149
겨우살이 268
구상나무 264
구실잣밤나무 305
굴거리나무 334
굴참나무 90
금목서 127
금사남목 250
까마귀쪽나무 321
꽃창포 43
꽝꽝나무 327, 328
꿀벌 165
끈끈이주걱 49

ㄴ

낙상홍 183, 331
남생이무당벌레 180
납매 96
노각나무 313
노랑무늬붓꽃 42
노랑붓꽃 41
노랑원추리 59
노루귀 19, 20
녹나무 317
누리장나무 133
느티나무 233

ㄷ

다람쥐 210
다정큼나무 340
담쟁이덩굴 161
대왕참나무 92
대팻집나무 332
덜꿩나무 188
돈나무 224, 337
동박새 191
동백나무 238
된장풀 202
두릅나무 251

ㄸ

땅나리 56
뚜껑별꽃 36

ㄹ

라일락 135, 178

ㅁ

마 55
매실나무 71, 97, 98, 102
머귀나무 83
먼나무 326
멀구슬나무 243
모감주나무 258
모데미풀 74
목련 105
무환자나무 259
물매화 69, 70
미치광이버섯 153
밀크씨슬 143

ㅂ

바첼리아 콜린시 160
박달목서 129
박새 189
방울새란 48

백목련 106
백양꽃 62
백운산원추리 58
백합나무 108, 171, 198
벚나무 120
벽오동 208, 274, 275
별꽃 32
보리밥나무 294
보리수나무 205
보리자나무 257
복사나무 223
복수초 16
붉가시나무 300, 304
붉노랑상사화 65
붉은머리오목눈이 181
붓꽃 39
붓순나무 336
비둘기 184
비쭈기나무 313
뻐꾹나리 56

ㅅ

사라수 254
사스레피나무 307
산사나무 227

산수국 176
산수유 82, 85
산초나무 154, 243
살구나무 99
삿갓나물 151
상동잎쥐똥나무 172
상산 130
생강나무 79, 80, 239, 323
석산 66, 67
세복수초 17
소귀나무 342
소나무 231
솔나리 57
쇠별꽃 32
숲개별꽃 33
쉬나무 240
실거리나무 141

ㅇ

아왜나무 341
앉은부채 18
암매 73
애기동백나무 310
양벚나무 186, 191
어치 190

얼레지 24, 25, 26, 27, 28
열점박이잎벌레 157
염주나무 256
오동나무 272, 273, 275
완도호랑가시나무 330
왕벚나무 121, 122, 199
용담 174
우묵사스레피나무 314
우산나물 151
운남장 317, 318
유동 245
육계나무 319
육박나무 320
음나무 225
인도보리수 225
인동덩굴 203

ㅈ

자목련 104
자작나무 196
자주목련 107
재래꿀벌(토종벌) 166
졸참나무 87
종가시나무 303
주엽나무 139

죽절초 203

직박구리 183, 186, 211

진노랑상사화 62

쪽동백나무 239, 309

ㅊ

차나무 313

참가시나무 302

참나리 54, 55

천남성 153

청개구리 180

초령목 228

초피나무 131

큰개별꽃 35

큰방울새란 47, 48

ㅌ

탱자나무 144

털개회나무 128

털조장나무 323

톱사슴벌레 93

투구꽃 153

ㅍ

팔각 335

팥배나무 186

포인세티아 269

ㅎ

할미꽃 155

함박꽃나무 111

헛개나무 168

협죽도 148

호랑가시나무 266

호자나무 140

황칠나무 246, 248

회양목 327

회향 163

후박나무 296

후피향나무 293

히어리 113, 114, 118